水怪

不可思议的神秘动物之谜

THE MONSTER

马郁文 ◎ 编著

时事出版社
·北京·

图书在版编目(CIP)数据

水怪:不可思议的神秘动物之谜 / 马郁文编著. —北京:时事出版社, 2015.1(2025.1 重印)

ISBN 978-7-80232-812-9

Ⅰ. ①水… Ⅱ. ①马… Ⅲ. ①水生动物–普及读物 Ⅳ. ①Q958.8-49

中国版本图书馆 CIP 数据核字(2014)第 301812 号

出 版 发 行:时事出版社
地　　　址:北京市海淀区彰化路 138 号西荣阁 B 座 G2 层
邮　　　编:100097
发 行 热 线:(010)88869831　88869832
传　　　真:(010)88869875
电 子 邮 箱:shishichubanshe@sina.com
印　　　刷:河北省三河市天润建兴印务有限公司

开本:787×1092　1/16　印张:18　字数:280 千字
2015 年 1 月第 1 版　2025 年 1 月第 11 次印刷
定价:32.00 元
(如有印装质量问题,请与本社发行部联系调换)

前言

水怪是什么？顾名思义，就是水中的怪物，大多为奇怪的动物，它可能是兽类，可能是爬行类，更可能是鱼类。鱼的体型大得出奇，外形奇特，超出人们的想象，不就可以称为水怪吗？

这些"水怪"经考证绝大多数都是未曾发现的新物种。像尼斯湖水怪，千万年以来，它一直存在于尼斯湖里，但若干年以前，人们一直还为它是否存在而争论不休；像奥卡诺根湖中的蛇怪，以前人们只在神话传说中听到过，现在也被很多人看到。据生物学家估计，地球上可能生存着1亿个物种，我们人类目前发现和认识的不到200万种。因为有许多地方目前人类还暂时无法到达，像大西洋的一些巨大海沟，深达十几公里，在那里生活着许许多多我们从未听说过的生物。另外，还有一些我们所认为的怪物很有可能就是当地原有物种的变异，人们暂时还没有认识到罢了。

这是一本神秘动物的异志，它以目击事件和"醒来"的化石为依据，向人们讲述着一段水下传奇故事。本书在参考大量文献资料、考古发现等基础上，结合最新发现，全方位、多角度地展示了从传说到现实、从照片到视频等各个水怪中人们最感兴趣的疑点与谜团，客观分析并努力揭示了水怪之谜背后的真相。全书共分尼斯湖水怪、喀纳斯湖水怪、天池水怪、奥卡诺根湖水怪、抚仙湖水怪、尚普兰湖水怪、沧龙、鱼龙、蛇颈龙和世界各地水怪目击10个部分，所选内容基本涵盖了世界各地最具价值和被广泛关注的水怪，文字精练简洁，可读性强，适合不同层次读者的阅读需求。

人们探求的热望愈加强烈：

蛇颈龙真的依然游弋在尼斯湖水下吗？鱼龙是如何灭亡的？沧龙是如何成为深海之王的？如果再给沧龙1000万年，它是否也能如鱼龙一般进化成鱼形呢？……如果你也对这些问题充满了好奇，那就让我们一起"潜"入书中，让精灵们给出答案吧。

目录 Contents

第一章　最负盛名的尼斯湖水怪

怪兽尼西	003
深水传说	007
频现的身影	011
科学家与游客的天堂	017
尼西的真实面目	022

第二章　喀纳斯湖的精灵

真实的传说	033
巨大的红鱼	038
深湖的魅影	044
食物链的奥秘	048
珍贵的国宝	054

第三章　身形飘忽的天池水怪

天池迷雾　　　　　　　　　　061

层出不穷的目击者　　　　　　065

镜头里的水怪　　　　　　　　072

天池水怪又出现了　　　　　　077

众说纷纭　　　　　　　　　　082

第四章　奥卡诺根湖中的蛇怪

各种传说　　　　　　　　　　089

奥古普古　　　　　　　　　　093

谁是真正的奥古普古　　　　　099

奥古普古争夺战　　　　　　　103

第五章　抚仙湖底的难解奥秘

水怪传说最多的湖泊　　　　　107

一"头"巨鱼　　　　　　　　109

"海洋人"　　　　　　　　　113

未解之谜　　　　　　　　　　115

第六章　尚普兰湖中的"天鹅颈"

美国版尼斯湖水怪　　123

有缘才能见得到　　127

曼西的照片　　131

ABC 与 FBI　　135

探索者们的怀疑　　138

纷纷扰扰的后续　　141

第七章　巨兽沧龙的发现之旅

巨大的史前蜥蜴　　147

德国亲王的功绩　　152

深海之王　　156

生命的记录者　　161

科学家的最新发现　　166

第八章　远古鱼龙的奥秘

小女孩的发现　　173

神秘的关岭鱼龙　　177

鱼龙游上了喜马拉雅山　　186

特提斯海的大眼睛　　191

海洋中最后一只鱼龙　　196

第九章　蛇颈龙，凶残的异兽

水中的长脖子　　　　　　　203

超级捕食者　　　　　　　　207

远古巨兽　　　　　　　　　212

活着的蛇颈龙　　　　　　　218

巨怪出土　　　　　　　　　223

第十章　世界水怪目击实录

太平洋中的水怪　　　　　　231

鲜为人知的涅瓦河水怪　　　235

海洋中的活化石　　　　　　242

里海的"怪兽"　　　　　　247

石笋河里的神秘水怪　　　　251

猎塔湖水怪　　　　　　　　253

河南铜山湖水怪　　　　　　257

青海湖水怪　　　　　　　　260

西藏地区的水怪传闻　　　　263

洪湖水怪　　　　　　　　　267

佛罗里达海怪　　　　　　　269

吞吃小岛的水怪　　　　　　272

第一章
最负盛名的尼斯湖水怪

诡异与迤逦的尼斯湖,因为其独特的自然风光,绵延数十里的钢蓝色湖水,以及层出不穷的怪兽传闻而成为世界最知名、最神秘的风景区之一。湖两岸树林茂密,人迹罕至,人立其旁,一眼望去,很容易被钢蓝色的湖水所吸引,让人不禁想象,湖水下到底隐藏着什么奥秘?

第一章

怪兽尼西

层出不穷的水怪传闻，使尼斯湖名声大噪，这里有世界最神秘莫测的水怪，有最传奇的水怪故事，每年有数不胜数的游客，不远万里，风尘跋涉，来到英国北苏格兰的沃内斯郡，来到尼斯湖，希望能够一睹水怪的真面目。很多游客来到这里都会询问向导，怪兽一般什么时候会出现。向导会答，等你喝下五杯苏格兰威士忌后，水怪就会出现了。这个回答带着英国人特有的幽默，也表露出了对于当地盛产的名酒苏格兰威士忌的自豪感。

尼斯湖长约37公里，宽仅有1.6公里，而水深却有220米，从空中望去，就像是镶嵌着许多珠宝的蓝色绸缎，有时也像是一面蓝色镜子。四周群山环抱，怪石林立，树木丛生，山石与木倒映水中，山光水色融为一体，宛若一幅色调偏冷的油画。

很多著名的湖泊都是碧波荡漾，清澈见底，像是无瑕的翡翠，可以看到鱼儿在湖中游弋。尼斯湖虽然是英国最大的淡水湖，但是其水质却浑浊不堪，因为湖水中有大量的浮藻和泥炭，肉眼能见度只有2米左右。

然而，尼斯湖的瑰丽神奇，很大程度上得益于湖中的"水怪"。其层出不穷的传闻又让尼斯湖蒙上了一层神秘的面纱。尼斯湖也因此名声远扬。

最早有关尼斯湖水怪的文献记载，出现在公元六世纪。一天，天气很热，爱尔兰传教士圣伦哥巴和他的仆人在传教结束后的回家途中，路过尼斯湖，圣伦哥巴满头大汗，衣服都湿透了，于是便和仆人在湖中游泳，山青水绿，水质冰凉，酷热散去，很是惬意。

突然间，水面浪花翻滚，一个身躯庞大的水怪浮出水面，然后水怪向仆人袭来，仆人十分惊慌，忘记了躲闪，幸亏圣伦哥巴在旁相助，他才游回到岸上。由于水怪是水生生物，所以不能上岸，圣伦哥巴和仆人才得以保存性命。后来，他们回去后将这个消息告诉其他人，并且警告人们不要在湖中游泳。圣伦哥巴是传教士，人们很相信他的话，但是也有不少人对水怪很好奇，于是成群结伴前去尼斯湖，希望能够见到水怪。

自此以后，关于尼斯湖水怪的消息层出不穷，不过直到1933年，尼斯湖水怪才真正引起人们极大的兴趣。

如今人们把1933年4月14日认定为尼斯湖水怪的发现日，据说那天乔治·斯皮塞正在和夫人一起沿着湖边行走，欣赏着湖中的美景，蓝天白云、山石树木倒映在湖水中，凉爽的风吹过来，带着湖水的味道，很潮湿。风景怡人，两人心情都很好，这时突然不远处的岸边出现了一个巨大的圆形怪物，怪物跃入水中，海面上掀起一阵浪花，激起层层涟漪，乔治·斯皮塞夫妇顿时吓得面容失色，呼天喊地，两人连忙往远处跑，直到跑不动了，回头见怪物没有跟来才稍微静下心。

夫妻二人认为可能遇到了传说中的尼斯湖水怪了，当天晚上二人就将所见所闻写成一篇文章，发表在英国《长披风信使报》上，文章这样描述水怪：水怪身躯很庞大，全身黑色，脖子像长颈鹿那样细而长，它还有个很显著的特征，那就是两个驼峰似的脊背。

这篇文章发表后，很快引起了轰动。人们给这个水怪起了个名字叫"尼西"。从那以后，越来越多的目击者都声称看到了"尼西"，他们的描述有很多差异之处，但也有相同之处，那就是身躯十分庞大，脖子细而长。不过其中最值得相信是威尔逊医生的描述。

1934年，连续工作数月，威尔逊感到身体很疲惫，于是决定外出度假，乘车经过尼斯湖时，发现湖中有水怪在运动，由于距离稍远，看起来就像是模糊的黑影，威尔逊立即用相机将它拍摄下来。这张照片是人们发现"尼西"以来第一张的照片。

从照片来看，水怪外貌像传闻中所说的那样，有细长的脖子，扁小的脑袋，像是在冰川世纪中被灭绝的蛇颈龙。

蛇颈龙是恐龙的远亲，体型壮大无比，脖子很长，这也是其名字由来。从三叠纪开始，它就是海洋中的霸王，和鱼龙类一起统治着海底世界。在著名的侏罗纪时代，蛇颈龙的足迹遍布整个世界，但是在白垩纪末却因为某种原因而惨遭灭绝。这张照片在当时引起了很大的轰动，一则是尼西的真面目被发现了；二则是尼西有可能是蛇颈龙。于是有人猜测，在白垩纪末，恰好有蛇颈龙躲在尼斯湖里，避过了重重灾难，得以生存下来。

这则消息广为人知，前来尼斯湖游玩的人也越来越多，尼斯湖区一带的旅店生意空前兴隆。有人甚至贴出了巨额悬赏捕捉尼西的告示，但却从没有人说自己捕捞到尼西。事实上，由于尼斯湖水底地形很复杂，湖水浑浊不堪，而且其又与海洋相通，为尼西逃跑提供了便利条件，因此即使人们发现尼西，也难以将它捕获。

人的本性里有一种特质，就是对于越是怀疑的东西越是好奇，而越是好奇就越想去探索。随着科技发展，人们开始利用水下摄影机和声纳仪等先进设备，拍下了许多珍贵的照片，其中有两组照片吸引了人们的注意：一组显示在尼斯湖确实有不知名的生物，生物长约6米，其脖颈差不多3米，像是蛇颈龙；另一组照片拍到了不知名生物的头部，经过放大，人们可以隐约看到生物头部的触角和大嘴。

这些照片无疑给人们打了一针定心剂：尼西确实存在。一时间，尼斯湖闻名天下，好奇的记者、旅游者、生物专家们纷纷云集现场，希望亲眼目睹一下这个怪物。有些科学家干脆住在湖边，希望一睹它的真容加以研究。

种种发现，让人们对尼斯湖水怪的热情空前提高，美国、英国联合组织了大型考察队，24艘考察船在尼斯湖上一字排开，进行拉网式搜索，然而让人遗憾的是，这次考察并没有任何发现。

哥尔德是英国海军少校，他对尼斯湖水怪很感兴趣，企图揭开尼斯湖水怪谜底，然而他来到尼斯湖苦等了近一个月，连"尼西"的影子都没有看到。后来哥尔德转变了研究方向，他收集了大量资料，也接触了众多的目击者，并将这些记载在《尼斯湖怪兽》一书中，书中这样描述尼西的样貌：身躯庞大，长约15—20米；颈部细长，长约1.5米；背部一般有两个黑色驼峰，不过也有三个的；头部比较小。

关于尼西到底是不是蛇颈龙的后裔，人们一直争论不休。不久后，有一位英国人在尼斯湖岸边发现了一块蛇颈龙化石，经科学家推断，这块化石形成于1.5亿年前，是侏罗纪时代蛇颈龙的骨椎化石，呈灰白色，可以看到脊椎腱和血管。化石表明，在侏罗纪时代，曾经有蛇颈龙生活在尼斯湖，就是说尼斯湖水怪很可能是蛇颈龙的后裔。

但也有人反对这种说法，认为目击者所发现的尼西，不过是由于光的折射作用产生的；有的认为是具有浮力的浆沫石，在特定条件下，浆沫石会浮在水面上，一眼望过去，很容易被误认为是水怪，还有人认为是人类目前尚未得知的某种生物。

总之，众说纷纭，谁也说服不了谁，而事实上，只要人们没有找到真正的尼西，关于尼西的争论就不可能终止。英国作家齐斯特曾对此评价说："许多嫌疑犯的犯罪证据，比尼斯湖水怪存在的证据还少，也就绞死了。"

人们往往对未知充满无限的好奇，而对已知的事物很快便失去好奇心，尼西之所以长久以来盛名不衰，很有可能就是因为人们对于它仍知之甚少，就像人们一直向往远方，向往生活在别处那样……

深水传说

试想下，一个面积并不大的湖泊，两岸陡峭，树林茂密，湖水温度很低，不适合游泳，由于湖中充满着浮藻、泥炭和泥煤等，导致湖水浑浊不堪，能见度只有2米左右，人们会对这样的湖泊感兴趣吗？答案是否定的，地球上存在太多比这个更吸引、更引人入胜的湖泊，但就是有这样一个湖泊，长久以来吸引着无数人前来游玩，这个湖就叫尼斯湖。

尼斯湖湖水很深，平均深度达200米，最深处有300多米，而且湖水终年不冻,当然之所以有那么多人慕名前来,更多地是被尼斯湖水怪名声所吸引。很多人都认为在尼斯湖幽深的湖水中存在着还未被人熟知的尼斯湖水怪。

在古代,就有各种各样关于"尼西"的传闻。有目击者称,尼斯湖水怪有着长长的鼻子,像大象那样能够卷曲起来,很灵活,也可以像大象那样用鼻子吸水。水怪浑身灰黑色,身体却很柔软光滑;有目击者称,水怪出现时,湖面会出现许多泡沫,四处飞溅,就像是有人在吹泡泡;有的目击者称,水怪口吐烟雾,在它周围烟雾萦绕,因而看不清它的面貌;有的目击者称,水怪的脖子像蛇般细长,头部则圆鼓鼓的;有的目击者称,水怪看起来就像是有着两个驼峰的大型恐龙,尾巴很长;还有目击者声称,水怪并不那么友善,有时会伤害在尼斯湖乘船游玩的人……传说很多,说法各异,甚至还有相互矛盾之处,但这些传说就像是长了翅膀般飞到了世界各地,让人们对尼斯湖水怪又增添了一份好奇、畏惧。

事实上,自从公元六世纪,爱尔兰传教士圣伦哥巴和仆人在尼斯湖中发现水怪以来,有关尼斯湖水怪的传说便层出不穷。

著名导演杰·拉塞尔也被尼斯湖水怪的传说吸引,他认为尼斯湖的传说之所以会影响几代人,是因为我们都强迫自己努力相信这个世界上真的存在着魔法。基于此,他决定拍一部有关尼斯湖水怪的电影。

2007年,这部名叫《尼斯湖怪·深水传说》的电影上映了。刚登上大屏幕,其独特的剧情,丰富的想象力,炫彩的特技效果,迅速吸引了众多观众,电影上映一周后,便以超过2500万的成绩登上冠军位置。

电影主要讲述的是尼斯湖水怪和一个名叫安格斯·麦克莫洛的孤独苏格兰小男孩间的故事。故事的背景被放在了第二次世界大战期间。安格斯的父亲被征召奔赴战场，因此家中只有他和母亲、姐姐三人一起生活。长久以往，安格斯变得有些自闭，常独自在尼斯湖旁游玩。

有一天，安格斯在尼斯湖海滩上发现了一块神秘的石头，石头是有温度的，让安格斯感到很温暖，于是，他决定将石头带回家。后来发生了一系列事情，显示这并不是一块普通的石头，而是有生命的"石头"。安格斯并不害怕，反而有些期待。

在安格斯保护下，石头得以保存下来，很快孵化出一只"奇怪的生物"，说"生物"是因为它是有生命存在。说"奇怪"，主要是指生物的外貌看起来就像是"四不像"，它拥有鹰的眼睛、马的嘴，长颈鹿般的脖子，整体看起来更像是小恐龙。安格斯给它起名为"克鲁奥斯"。克鲁奥斯是爬行类生物，脾气很暴躁，但是却很听安格斯的话。安格斯也很喜欢这个奇怪的生物，因此将它藏在自家的浴缸里。

克鲁奥斯逐渐长大，其怪异的行为常常会惹得安格斯哭笑不得，但两者间的感情却越来越深。好景不长，军官汉密尔顿来到了安格斯家，安格斯家面积很大，可以用来作为侦探室。安格斯必须更加小心翼翼，既要防着家人，又要防着汉密尔顿。

克鲁奥斯的身体以惊人的速度成长着，很快，安格斯就发现不能再将克鲁奥斯放在家中，他不得不在男佣刘易斯·莫布雷的帮助下，将克鲁奥斯赶进尼斯湖中。刘易斯告诉安格斯，克鲁奥斯很有可能就是传说的尼斯湖水怪，他原本以为水怪只是传说故事，没想到真的存在。

安格斯经常去尼斯湖与克鲁奥斯玩耍，在克鲁奥斯的带领下，安格斯潜入尼斯湖湖底，惊讶于海底地形的复杂以及灿烂的海底世界。安格斯和克鲁奥斯的感情越来越深厚他俩也常常在湖边玩得不亦乐乎，然而好景不长。当地人发现了克鲁奥斯的存在，尼斯湖水怪的名声这么响，从十多个世纪前就开始流传，很多人都想抓住克鲁奥斯，这样就能一举成名。驻扎在地方的军队也知道了克鲁奥斯的存在，错误地将它当作是敌方派来的潜艇，对克鲁奥斯发动猛烈的攻击。克鲁奥斯眼看就要被杀死，最后在汉密尔顿的帮助下，安格斯成功地将克鲁奥斯营救出来。

在整部电影中，除了安格斯外，最惹人注目的就是尼斯湖水怪克鲁奥斯。在制作克鲁奥斯时，维塔工作室付出了不少心血，水怪的形象必须要是人们从未见过的，而且还要具备能够在现实生活中存活的特质，如此之外，还得考虑环境因素，尼斯湖湖水发暗，其中有很多海藻、泥煤等，在这种环境生活，克鲁奥斯必须要有保护自己的能力，否则早就被人们捉住了，怎么会几百年甚至上千年没人捉住过它？

刚开始，他们只用两种不同的生物组成克鲁奥斯，但是一眼就能看出克鲁奥斯像什么，这不是工作人员想要的。于是，他们尽可能把不同的动物特征都放在克鲁奥斯身上，比如：鹰的眼睛，马的嘴，恐龙的外形，长颈鹿的脖子等等，经过各种尝试和组合，克鲁奥斯就这样被制作出来了。

同时，他们还根据传闻去调整克鲁奥斯的大小和尺寸。传闻中，尼斯湖水怪有着细长的脖子，维塔工作室在制作克鲁奥斯时，就将脖子制作得细长些。制作好后开始着色，在这一点上，工作人员也很费心，如果你观看电影足够仔细的话，一定会发现克鲁奥斯在不同的场合身上的皮肤会产生轻微的变化。

近百年来，关于尼斯湖水怪的传闻似乎有减少的趋势，至少不像以前那么频繁出现了，声称看到水怪的人也越来越少，这让尼斯湖水怪迷们有些担心，尼斯湖水怪是否不存在了？会不会去世或者游到大海里去了。

但也许就像是《尼斯湖怪·深水传说》的导演杰·拉塞尔说的那样：我们都强迫自己努力相信这个世界上真的存在着魔法。在尼斯湖里，也许真的会有水怪存在。

频现的身影

从文献资料可以查阅到最早有关尼斯湖水怪的记载在公元六世纪，但有些人认为这些记载并不可靠，因为古时常常会为了某种目的，比如为了宣传宗教之类，而刻意创造出来的。

但是自从 1933 年乔治·斯皮塞夫妻声称发现尼西水怪以来，接着也有不少人声称发现了水怪的存在。据不完全统计，声称发现尼西的人数已超过 3000，虽然近 100 年来，目击者的数量明显减少，但是尼西并没有销声匿迹，仍时不时出现在人们的视线中。

1933 年 8 月某天，英国兽医学者格兰特结束一天的工作，骑着摩托车回家途中路过尼斯湖时，突然发现湖面上浮着一只水怪，长约 4.5—6 米。格兰特感觉很好奇，于是将车停下，往尼斯湖走去，只听见水怪鼻中呼呼作响，还没等格兰特靠近，水怪便潜入水中不见了。

当天，见到这只水怪的不只有格兰特，还有到这里旅行的约翰·麦凯夫妇以及修路工人。根据他们的描述：他们看到水怪时，水怪就已在湖中游弋着，四周湖水不断地涌起，落下，哗哗作响，水怪的皮肤呈灰黑色，有两个驼峰似的脊背，脖子细长，从远处看来很像是戏水的大象，只见水怪时而伸出它那细长的脖子，时而将脖子淹没在水中，时而脖子左摇右摆，时而用它长长的尾巴拍打着水面……不过和格兰特描述不同的是，他们认为这只水怪有15米长，很像是侏罗纪时代的蛇颈龙。

1938年6月15日，霍特劳夫妇和朋友约定去尼斯湖划船游玩，他们从平布里季市出发，到了尼斯湖附近后，买了些水果和零食，然后便乘着船在湖中游玩，湖两侧是陡峻的山，树林茂密，绵延水乡，轻舟泛歌，石子落下，涟漪万千，山峦倒映，曲径通幽，畅所欲言，很是惬意。突然，有水怪出现在距离他们百米左右的水面上。它身躯庞大，细长的脖子，拖着长长的尾巴，霍特劳夫妇一眼认出这是传说中的尼西，惊喜之余又担心尼西会攻击他们。所幸，尼西很温驯，像是没有看到这条小船似的，快速地游走了。

尼西的出现再次勾起了人们的热情，一时间，尼斯湖人满为患，湖边两侧陡峻的山上处处是密密麻麻的人，有好奇的英国人、奉命来采访的记者、游人、尼斯湖水怪迷、画家、生物专家，甚至还有考古学家。很多人举着摄像机盯着湖面不敢乱动，生怕错失机会，然而尼西从这一次出现后，在以后的很长一段时间里都没有出现。尼西跟人们玩起了"捉迷藏"。

1955年初，久未出现的尼西逐渐消磨掉了人们的耐心，苏格拉的航海俱乐部联合BBC广播电台、海军部等单位，对尼斯湖进行详细而周密的调查，期许能够发现尼西的身影，这次调查耗费大量的人力、物力、财力，调查结束后，并没有对外公布调查结果，就连拍摄的照片也没有外流出一张。直到1960年，才有报纸透露BBC电视台播放了一条关于水怪的影片，影片只有短短的40秒，影片开始是水怪在向四周张望，好像在寻找或者查看什么，不久后，水怪便摇晃着巨大的身躯，身边湖水向两边翻滚，水怪速度加快，湖水翻滚得更高，就像是喷泉般。这部影片是由一位工程师拍摄的，据说工程师不辞辛苦，在尼斯湖畔守了整整六天六夜才拍到的。报道对工程师的这种精神进行了表扬，但也指出影片拍摄得很模糊，真假难辨。

1963年，有位叫泰德·哈勒戴的目击者描述了自己所见到的尼西：尼西行进速度很快，最快时就像是水鸟捕鱼那样，脖子很长，像圆柱一样，直径大约一英尺，颜色是暗褐色的，仅从头部来看，很像牛头犬，但是和其他目击者描述不同的是，他在尼西的颈部两侧发现有黑色的鬃毛，由于和肤色相差不大，不仔细看很难看到。

1978年6月23日凌晨，维尔·赖特在尼斯湖畔钓鱼，他在附近的某个铝厂上班，这天正好休班，他便选择钓鱼打发时间。到了岸边，他将鱼饵放在钩子上，抛入水中，然后坐在岸边，静静等候鱼儿上钩。

突然，尼西就在水面30米远的地方出现了，维尔·赖特很激动。尼西浮在水面上，庞大的身躯看起来就像是只倒扣的帆船，皮肤呈黑色，脖子细长，有3米多，上面满是皱纹，凹凹凸凸，崎岖不平。头部是圆的，有篮球那么大。为了更加看清尼西的面貌，维尔·赖特沿着湖边朝着尼西的方向走去，途中不小心绊倒了一块石头，石头落入水中，倏然出声，转眼间，尼西就从水面上消失了，只留下层层涟漪。维尔·赖特懊悔不已，不过让他更懊悔的是这次出来没有带相机，不然就可以拍摄几张照片了。

1802年，尼西再次出现在人们的视线中，这次的目击者名叫亚历山大·麦克唐纳，是位农民。事发当天，他正在尼斯湖畔劳动，由于太累，他暂时停下手中的活，眼睛朝着远方望去，突然看见有只大型怪兽浮出湖面，形状很奇特，就像是鸭子扑水似的朝着他的方向游来，可以看到其短而粗的鳍脚，不过速度非常快，转眼间双方的距离只有四五米，亚历山大·麦克唐纳丢掉劳作的工具，落荒而逃。

1880年秋天，天气晴朗，云朵轻飘，平静的尼斯湖上有一只游艇在行驶，游艇上乘客很多，大多都是被尼斯湖盛名吸引来的，他们议论纷纷，讨论着眼前所见。湖水仍浑浊不堪，但是依稀能看到游客倒映的身影。突然，一只身躯庞大的水怪从湖底游了出来，全身皮肤呈黑色，脖子细长，布满褶皱，不过脑袋看起来是三角形，而不是以往的那种圆形。水怪见到游艇后并不惊慌，反而昂首挺胸，气势汹汹地朝着游艇游了过来，游客大惊失色，乱窜、咒骂，但仍无法阻挡游艇被水怪撞翻的悲惨命运。游艇被击沉，游艇上的乘客全部被深蓝的尼斯湖吞没。消息很快从苏格兰传播整个英国，举国上下因其哀痛不已。

同一年，为了调查一艘失事船只，潜水员邓肯·莫卡唐拉潜到了尼斯湖底，然而不久后，岸边的人们就发现他在紧急密切地发出一些信号，很乱，只有处在惊慌状态下的人才会发出这样的信号。岸边的人以为他遇到了什么危险的事情，于是将他拉了上来。潜水只不过短短几分钟，邓肯·莫卡唐拉给人的感觉却像是苍老了十年。他脸色白发，嘴唇哆嗦，全身颤抖，对人们的询问置若罔闻。

直到几天后他才逐渐平静下来，向人们讲述他在湖底的见闻：他按照计划潜入湖中，看到船只残骸安静地待在湖底，有些不知名的鱼儿在船只中游来游去,他环顾四周,突然发现在船只的另一侧有个巨大的水怪,从外貌来看,就像只巨型青蛙端坐在那,邓肯·莫卡唐拉很是惊慌,于是紧急发出信号,但由于惊慌过度,手指不听使唤,所以发出的信号很乱。

2000年8月,英国人波拉克和妻子、孩子在尼斯湖畔散步时,水怪突然出现在尼斯湖水面,波拉克立刻把它拍了下来,这段录像有三分半钟长。不过波拉克并没有立即公开这段录像,因为长久以来,很多人都宣称发现了水怪,但是大都被证明是假的,遭到世人的嘲讽。波拉克不想自己的生活因此而被打扰,直到2001年,他才打算公开这段录像。有不少生物研究专家看了录像内容后,认为影像中的"水怪"确实是种生物,但是不知道是何种生物。有人认为,可能是一只海豹或者长颈鹿,波拉克反对这种说法,他认为自己对海豹或者鹿都是非常熟悉的,因此他断定录像里的生物绝不是这两者中的一种。

关于录像中究竟是何种生物,世人争论不休。但波拉克的这段录像对尼斯湖水怪迷来说,是一个天大的好消息,因此尼斯湖水怪迷认为这盘录像是年度最佳发现,还给予波拉克500英镑的奖金。

2007年,英国男子戈登·赫尔墨斯公布了一段有关水怪的视频。他描述说,水怪全身乌黑,长达13米,游动速度非常快,可达每小时6英里。戈登·赫尔墨斯认为这可能是只非常大的鳗鱼,鳗鱼是一种外观类似长条蛇形的鱼类,他认为最近这些年观测到的"水怪"很有可能就是鳗鱼。

海洋生物专家艾德里安·希内也观看了这段视频。他是个怀疑者,从不轻易相信有关尼斯湖水怪的传说,也不会轻易否认,他只相信证据。对于尼斯湖水怪，他认为可能是某种生物，或者只是波浪，由于反射作用而让人们错误认为那是水怪，或者说由于心理强烈的暗示作用，人们将看到的事物都当成了水怪。

2012年8月，《每日邮报》报道有人拍摄了一段有关水怪的影片，长约5分钟。拍摄者是乔治·爱德华兹，他是个商人，在阿尼斯湖经营游艇生意。这段视频是在2011年11月拍摄的，影像不是很清晰，而且影片虽长达5分钟，但是人们看到的只有模糊的灰色背景，很难辨别这到底是不是水怪。

尼斯湖水怪的身影频频出现，每次都会引起人们的争论，有网民在"谷歌地球"上北纬57° 12'52.13"、西经4° 34'14.16"的地方，发现疑似尼斯湖水怪的身影，但究竟是不是水怪，还有待进一步研究。

尼斯湖水怪的传闻不时传出，世人被其所吸引，不远万里来到苏格兰，乘一叶轻舟，在狭长的尼斯湖中赏玩，但风景再美，人们内心更渴望的是却是能够目睹尼西水怪的真实面貌。

科学家与游客的天堂

尼斯湖水怪的传闻传播了十几个世纪，积累了数量的可观的视频、照片、目击者的证词等证据，虽然至今为止还没有官方发表声明证实尼西确实存在，但在这些证据面前，越来越多的人坚信尼斯湖水怪是存在的。

尼西使尼斯湖名扬全球，成为世界知名的旅游点，给苏格兰带来非常可观的旅游收入，每年都有大量的游客、科学家、探险者、生物学者等前来。对这些人而言，尼斯湖就是个天堂般的存在。尼西的传闻虽然真假难辨，但正是因此才让尼西充满无限魅力，吸引着不少人献身研究。

英国有个叫史蒂夫的人，在他年幼时，全家曾到尼斯湖旅游，这次旅游中，史蒂夫第一次听到关于尼西的传闻，并且被传闻所吸引。父亲给他买了一份水怪的纪念品，被史蒂夫当作宝物。自那时起，史蒂夫便和尼西结下了不解之缘。他不断地搜集有关尼西的资料，包括视频、照片、目击者的证词等等，还购买了有关描述尼西的书籍。成年后，史蒂夫对尼西的研究更加热忱，为此，他不顾家人的反对，将工作辞掉、房产卖掉，来到尼斯湖全天时研究尼西。

他买了一辆房车，平时就住在里面。由于是个人研究，没有经费，史蒂夫又是全天时观测着尼斯湖水面无法正常工作,这样一来,他没有任何收入。为了生存,他不得不做水怪的陶土模型赚取钱财。史蒂夫的这种行为很疯狂,人们很难理解,甚至有人认为他疯了。但在史蒂夫心中,尼斯湖就是天堂。

时光如梭,史蒂夫一坚持就是数年。这些年里,他曾多次观测到湖水翻滚,巨浪腾起,像是有大型生物在游动。史蒂夫和当地的渔夫们关系很好,渔夫们经常将自己所见或者听别人说的有关尼西的传闻告诉他。这更加坚定了史蒂夫的想法,他会一直坚持下去,直到尼斯湖水怪的谜题解开为止。

除了史蒂夫这种不专业的研究人员外,还有相当专业的研究者,如提姆·丁斯德。提姆·丁斯德曾经是一位航空工程师,他工作兢兢业业,任劳任怨,为航空行业作出了巨大的贡献。然而在1960年,他来到尼斯湖畔,突然见到湖中远处有个水怪的身影,他拿起相机将它拍摄下来,照片模糊不清,并不能断定那就是尼西。从那时起,提姆·丁斯德就对尼西着迷了,于是他索性辞去工作专门研究尼西。他曾和50多名探险家一起研究尼西,不过没有得出什么结论。更让人遗憾的是,在此后的20多年里,提姆·丁斯德再也没有拍到任何有关尼西的影像。

随着科技发展,科学家的观测水平也在逐渐进步,从20世纪60年代起,水下摄影、声纳仪等先进技术设备开始派上用场,在先进设备的帮助下,探测进程得到了很大的发展,特别是水下摄影,拍摄了很多有关尼西的照片,其中有一张看上去像是鳍的照片。这可以说是第一张具有科学意义的证据,以往的照片要么不清晰,要么是无法判定,而在这一张照片中,可以清晰地看到水怪鳍长约2米,呈扁平菱形状,这张照片是在水怪运动时被偷拍下来的。

越来越多的科学家相信尼西是存在的,他们根据资料整理出了尼西的外观。尼西皮肤呈灰黑色,有些部位的皮肤很光滑,有些则长满褶皱,长约15—20米,细长脖子,尾巴细长而有力,两者长度都在3—4米;背部有两个或者两个以上的驼峰似的隆起;头部很小;长有一对对称的鳍。

据此,有科学家声称,尼西很像是古代时的蛇颈龙。科学家展开丰富的想象:在侏罗纪时代或者是往后的时代,蛇颈龙经过漫长的迁徙来到了尼斯湖,潜在尼斯湖底躲过了重重灾难。但这些只是推测,还缺乏相应的证据。与其说尼斯湖里有水怪存在,不如说尼斯湖底存在人们并不了解的生物更加让人信服。

1972年,赖恩斯领导一个研究组,对尼斯湖进行长达多年的探测历程。探测的过程是枯燥而漫长的,到1975年6月19日,设置在尼斯湖中的水下照相机已经拍摄了数百张照片,但是照片上没有水怪的身影。当天晚上九点四十五分,突然有个生物摇晃着接近了水下照相机,但是它很快就消失了,照相机反应过慢,只拍到生物的一小部分,根本无从判断生物的种类。

一个小时左右后,这个生物又折回来了,但同样由于照相机反应过慢,只拍摄到了一大块黄色斑点的皮肤,褶皱密集,坑坑洼洼,仍旧无法判断是什么生物。

第二天凌晨4点,又有一只水怪出现在照相机的拍摄范围内,照相机反应及时,拍下了一张珍贵的照片。从照片来看,能看到一个菱状的躯体,若庞然大物;细长的脖子,由于脖子太长,只拍摄到了脖子的一部分；两个对称的鳍脚从躯体上端伸出，科学家推测，水怪的体长约 6.5 米。从整个过程来看，水怪好像发现了相机的存在，因而转身查看相机，察觉到相机有异常处，便对相机发动攻击，结果相机被打翻。

赖恩斯等科学家认为，凭借这张照片可以证明尼西确实存在，但不少科学家提出了反对意见，他们认为这张照片是个骗局，是假造出来的。

为了证明清白，或者说更方便地进一步探索水怪奥秘，赖恩斯在湖底中安放了声纳装置。声纳装置在 1976 年检测到有一个长约 9 米的生物待在湖底，声纳专家对此进行了分析，认为这个生物是有脖子一样的凸出物，但是仅从目前的这些资料尚不能证明这个生物是长什么。赖恩斯等人将它称为是"尼斯菱鳍龙"，不过对此很多科学家持否定态度。

不久后，《纽约时报》赞助了赖恩斯的团队，他们组织了一支更庞大的队伍去考察尼斯湖，装备齐全且先进。赖恩斯的团队针对尼斯湖进行了拉网式搜索，几乎将尼斯湖的每个角度都搜索到了，不过令人遗憾的，如此大规模的探测活动结果却一无所获。

这次探测结果让很多人失去了信心，他们开始相信尼斯湖中并不存在水怪。很多学者、旅客、科学家都放弃继续研究水怪。当然也有科学家为此次行动失利找到了理由：水怪的行踪不定，很有可能游到海里去了；还有湖底的地形复杂，再加上水质浑浊不堪，水怪要想隐藏起来还是很容易的。

1987 年，由英国、美国几家公司联合起来，对尼斯湖进行了一次大规模的探索，行动规模很大，耗费甚多，光是快艇就出动了 40 多艘，每艘快艇上都安置了最先进的声纳装置。尼斯湖宽只有 1.6 公里，20 多艘快艇一字排开，步伐一致，缓慢而细致的搜索，后面还有指挥艇、声纳艇、摄影艇。声势浩大，吸引了很多人围观，尼斯湖两岸都是密密麻麻的人，很是壮观。

这次行动耗时3天，在搜索过程中，确实曾发现在某些地方有庞大生物存在，但是还没等拍摄，庞大的生物就消声匿迹了。因此，这次搜索以失败而告终。对于过程中发现的庞大生物，尚未能证明是什么。

1992年初，有研究组宣称，抓捕到了"尼西"。研究组是由海洋生物学教授鲁迪·哈尔斯特姆领导的，组成人员都是来自于英、德、法、日本等国具有名气的专家，尼西被捕的消息引起了轰动。据研究组称，尼西身长约18米，是个货真价实的庞然大物，研究组在尼西身上割了个小口子，从中取出了肉体组织和血样制作成标本。可以想象，尼西被捕的消息引起了多大的轰动，人们都翘首盼望能够得知更多关于尼西的消息。然而不久后，这条消息却被证实是假的，是个谎言。

不久后，媒体还报道：1934年《每日邮报》刊登的尼斯湖"水怪"的照片是假的，这张照片模糊不清，但是当时人们还是很明显的能看到细长的脖子，扁小的头部，由此来引发猜测，水怪可能是古代时的蛇颈龙。再加上当时的"恐龙热"，这张照片影响深远，而且具有重要的意义。直到1993年11月，这张照片的拍摄者威尔逊才说出了实情。

照片的来源是这样的：威尔逊等人按照海蛇的形象先制作出模型，然后根据传闻中的尼西形象，重点在于细长脖子和扁小的头部，刻意制造出符合尼西形象的脖子和头部，最后放到尼斯湖中去拍摄。这张影响深远，在尼斯湖水怪历史上也有着很重要的意义，但这样至关重要的照片竟然是假的，是一场骗局。人们不禁大失所望。

虽然探索尼西的道路很漫长，而且很有可能一无所获，但是仍有不少科学家愿意投身其中。如今尼斯湖畔仍然随处可见慕名前来的游客。只要尼西的谜底没有被解开，这里仍然是科学家和游客的天堂。

尼西的真实面目

从公元六世纪以来，世人对尼斯湖水怪的热情有增无减，每年都有数不清的游客慕名前来。关于尼西的照片、视频等资料非常多，但是却没有一个具象的、详细的，即使十几个世纪过去，谈起尼西，人们仍然只能用"那个水怪"、"细长脖子"、"两个驼峰似的脊背"等词来形容，因为谁也没有见过尼西的真实面目。

有科学家认为，尼西是不存在的，因为科学家曾对尼斯湖进行多次大规模的探索，但是都一无所获，而且很多声称是尼西的照片，最后也被证明是假的，他们认为人们之所以认为有水怪存在是心理在作祟，正所谓心里有什么，看到的就是什么。

但有些科学家却坚信，水怪是存在的，他们一直没有放弃寻找。

2001年4月23日，天气晴朗，云淡风轻，宁静的尼斯湖畔，已经51岁的海洋生物学家安德里亚·瑟恩博士正待在"尼斯湖计划"实验室内，用望远镜观测着尼斯湖。当初瑟恩博士刚来尼斯湖时，还是个年轻的小伙子，然而时光如梭，岁月流逝，如今的瑟恩博士已经露出老态。几十年来守着尼斯湖，收获却很少，瑟恩博士不禁思考这项计划实施得是否正确？然而来不及多想，急促的电话铃声便响起。

电话声很嘈杂，仿佛置身在人群密集的地方，各种声音吵得瑟恩博士有些头疼，但他还是坚持听完了电话。挂掉电话后，瑟恩博士有些激动，他的手在颤抖，他深吸一口气平静下心情，然后紧急召集实验室成员到现场去汇合。

电话那头说了一件事情：在离尼斯湖不远的A82国道的湖岸上，有人发现了两条两米多长的巨型海鳗，不过海鳗已死亡多时，脑部像是被尖锐的物品刺穿，血液、浓浆流了一地，很是恐怖。海鳗附近仍挤满了围观的人群，大家议论纷纷，神情很是疑惑。有几个年轻的女子穿过人群，走到前面，看到海鳗后吓得顿时脸色苍白，随后呕吐不止。

瑟恩博士赶到后，也被眼前的境况惊呆了，作为生物学家，他知道一般海鳗体长也就80厘米左右，但是眼前的这两只海鳗却长达2米，为什么会这样呢？还有它们是被谁杀死的？是尼西吗？瑟恩博士想了很久，仍然觉着是尼西杀死了海鳗。尼西真的存在，想到这，瑟恩博士很是兴奋，回到实验室后，他便紧急组织船队下湖考察。

5月2日，在瑟恩博士的带领下，船队开始对尼斯湖进行大规模的搜索，每艘船的下面都安置了水下摄像机，这次行动进行了50多个小时，最后却一无所获。瑟恩博士有些失望，不过他并没有灰心，他认为既然是尼西杀死了海鳗，那么必然会留下证据来。

回到实验室后，瑟恩博士开始检查海鳗的尸体。海鳗的死状很惨，触目惊心，细致检查后，他在一条海鳗的脑部发现了一块硬碎骨，这块骨头看起来并不属于海鳗，瑟恩博士立即进行 DNA 检测，结果证明，他的猜想是错的，这个骨头是动物的牙尖，而且是同类生物海鳗的牙尖。也就是说这两只海鳗是被同类杀死的。瑟恩博士惊愕不已，当他将发现告诉实验室其他成员时，成员们神情诧异。

瑟恩博士进一步说："根据判断，要想对海鳗造成这样程度的伤口，杀死它们的海鳗必然是长达 10 米以上。"听了此话，成员们更是惊讶，张大嘴巴。瑟恩博士继续讲述他的猜想，如果尼斯湖内存在长达 10 米以上的海鳗，寻常的海鳗身长不到 1 米，10 米长的海鳗是如何长成的呢？海鳗和尼西有什么关系？是不是海鳗就是尼西？听到这里，成员们激动不已，因为他们在此已经坚持观测尼斯湖多年，本以为也许永远解不开尼西的奥秘，此时突然露出曙光，能不激动吗？

海鳗，属于凶猛肉食性鱼类。体长一般在 0.5—1 米左右，呈长圆筒形，外表像海蛇。尾巴非常长，有鳍。因为属于肉食性鱼类，所以口大，上颌牙强大锐利，口中还有 10—15 个锋利的大牙，想要捕捞海鳗可不容易。

海鳗属于野生保护动物，要捕捞必定要经过英国野生动物保护协会的同意，瑟恩博士写了申请书，说明了捕捞海鳗的缘由，捕捞令很快就下来了。但是海鳗很狡猾，捕捞不易，用了两个月的时间，瑟恩博士也不过捕捞到 10 多条正常生长的海鳗。瑟恩博士还发现一个奇怪的地方，捕捞的海鳗竟然全都是雌性海鳗。

瑟恩博士很不解，他大量翻阅有关海鳗的书籍，终于找到了原因。原来，海鳗的性别是可以根据环境变化的，当环境恶劣、食物匮乏时，海鳗大多数都会变成雄性；当环境适宜，食物丰裕时，海鳗就会转变为雌性。

尼斯湖环境适宜，食物也丰沛，所以大多数海鳗都转变成雌性。性别之谜就这样解开了。

这10多条海鳗被瑟恩博士带到实验室里，他将用于跟踪的电子芯片放入海鳗身体内，然后将海鳗放生。瑟恩博士看着追踪仪上的点，不由得笑了，这些点一动也不动，而且根据追踪仪显示，这些海鳗都藏在尼斯湖底的岩石缝隙中。真是狡猾啊，瑟恩博士想，这样一动不动，即使使用最先进的声纳仪也很难扫描到它的位置。

海鳗属于夜行性鱼类，白天几乎潜伏在尼斯湖深处，一动不动，或者在深水处游动。到了晚上，海鳗则活跃起来，在湖水中到处乱窜，捕获一些小鱼、虾、蟹、章鱼等，吃饱后就会在湖中到处畅游。经过漫长时间的观察，瑟恩博士终于明白，海鳗就是尼斯湖里王者，在这里，没有任何生物可以威胁到它们。

按说每条海鳗最后都要经过降海洄游的阶段，但是尼斯湖的海鳗却不尽然。在瑟恩博士放置电子芯片的10多条海鳗里，只有9条海鳗选择了降海洄游，其余的则继续待在尼斯湖里。

瑟恩博士和实验室成员兵分两路，一路追随着选择了降海洄游的海鳗，一路继续观察留在尼斯湖的海鳗。瑟恩博士带着几个人搭乘远洋船队，跟着海鳗往佛罗里达方向而去，这9条海鳗似乎忘记了饥饿，忘记了疲倦，它们争分夺秒、不顾一切地朝前游去，瑟恩博士有些担忧，这些海鳗选择不进食，那么能坚持多久呢？让他意外的是，这些海鳗即使不进食，也一直坚持到了目的地，海鳗不但没有因为饥饿而变得萎靡不振，反而变得更加有精神，在过程中，还不忘与遇到雄性海鳗调戏玩耍。

目的地是百慕大藻海，9条海鳗全都顺利抵达，不久后海鳗在这儿产卵。10天后，瑟恩博士通过追踪仪观测到，这些海鳗有离散的迹象，于是他将这些海鳗打捞起来，发现它们全都死去了。降海洄游果真是海鳗生命的最后阶段。那么，同游的雄性海鳗呢？

瑟恩博士发现，同游的雄性海鳗守在受精卵旁，像是守护神明一般，打发掉一切外来入侵者，保护着受精卵不受一点惊吓、伤害。

小海鳗在这种周到的照顾下快速成长，由于刚出生，它们还没有对抗水流的力量，因而会随着洋流推动而游动，这次它们正被海流推着往大洋彼岸的方向游去。雄性海鳗仍寸步不离地保护着它们，不过由于过于劳累和疲倦，雄性海鳗逐个死去。瑟恩博士很惊讶，于是他将死去的雄性海鳗打捞上来，经过解剖后发现，死去海鳗的胃已经收缩成很小很小的空间，可以说它们用生命换来了小海鳗的成长。瑟恩博士继续跟随，不过雄性海鳗在几个月后全部死去。瑟恩博士便跟着小海鳗漂流。

小海鳗的数量虽然多，但是在漂流过程中不断死去，每条小海鳗在最初阶段都会经历无数的磨难，这也是它们日后显得比较强悍凶猛的缘故。最后到达尼斯湖的只有百条左右。如果没有例外，这些海鳗将会在尼斯湖生长10多年，然后像父母那样选择降海洄游，繁衍生命，海鳗就是这样传承生命的，这过程很悲壮也很伟大。

实验室成员报告了留在尼斯湖的海鳗情况，这些海鳗生长得越来越快，体型也变得非常大，此时身长已经有1.5米，超过了普通海鳗的长度。瑟恩博士将其中的一条打捞上来，惊讶地发现，这条海鳗的生殖系统存在先天缺陷，也就是说，它无法进行生育，不能拥有自己的孩子。即使选择降海洄游，回到了百慕大藻海，也没什么作用，索性就留在尼斯湖，总算能保住性命。科学家把这种海鳗称为是"太监鳗鱼"。

实验室成员还告诉瑟恩博士，这些海鳗的食量正在逐渐增加，三月以来每天都在增加，没有限制。瑟恩博士很不解，按理说动物的食量即使增加也是有限度的，怎么可能无限制地增加下去呢？于是，瑟恩博士邀请生物学家丽塔·梅塔教授来帮忙。

梅塔教授早就听说过尼西水怪的鼎鼎大名，一直很希望能够目睹尼西的真实面目，所以这次瑟恩博士邀请她，她便欣然前来，还带了一台高清水下摄像机。到了尼斯湖后，在实验室成员的帮助下，她将摄像机安置在海鳗出没的地点。

摄像机拍下了很多珍贵的视频资料，其中有一段很吸引人，内容是海鳗捕食石斑鱼：一条长约50厘米的石斑鱼正在悠闲着游动，这时一条海鳗正在远方偷偷地打量着它，慢慢地靠近它，杳无声息，石斑鱼还浑然不知。等双方距离很近后，海鳗突然如闪电般伸出头部，张开大嘴，一口咬住石斑鱼的尾部，石斑鱼拼命挣扎，但是一点用都没有，反而很快就被海鳗吞噬下去了。整个过程发生的非常快，就连周围的水草都没有因为海鳗的行动而受到影响。

海鳗是肉食性鱼类，强悍凶猛，行动快捷，但是梅塔教授却认为这条海鳗与普通海鳗有很大的差别，于是她继续跟踪这条海鳗，并在实验室成员的帮助下将这条海鳗捕捞上来。梅塔教授对付海鳗很有一套，只见她用固定器将海鳗的大嘴撑开并固定，这样海鳗的大嘴就无法动弹了。对人也就没有威胁了。

梅塔教授检查了海鳗的口部和咽部，惊讶地发现这条海鳗的下颌很灵活，并且还有个锐利的内颌。海鳗的体型逐渐变大，体型增大，所需的食物就会增多，为了获取更多的食物，海鳗在捕食的过程中就会将嘴张大，这样下颚的肌肉拉长，弹性增强，就会变得非常灵活，而且还有个内颌，只要海鳗咬住猎物，内颌就会钩住猎物，然后将猎物拖进腹中，而且在尼斯湖里海鳗没有天敌，这种独特的捕获猎物方式让海鳗能够获得更多的食物，满足其生存需要。瑟恩博士激动万分，他想传说中的尼西也许就是海鳗。

"尼斯湖计划"实验室名声很大，很多尼斯湖水怪迷们都知道有这么个研究室，因而有不少人主动请求加入，不过实验室招揽的都是有才能、有才华、有学识的人，一般人很难加入这个计划，但是在2004年9月23日这天，来了一个瑟恩博士不能拒绝的人，英国著名的生物学家理查德·弗里曼。

在2003年，理查德·弗里曼曾在《太阳报》发表了他的研究成果，他认为尼西很有可能是巨型海鳗。这一观点和瑟恩博士不谋而合。弗里曼从小就对尼西的传闻很痴迷，长大后更是热衷于研究尼西，他希望能够将尼西的真面目挖掘出来。这次加入实验室，弗里曼带来了当时最先进的多波声纳定位仪以及声控摄像机。

2006年9月，有个小男孩发现一块鳞片，这块鳞片被弗里曼高价购买。弗里曼经过检测后发现这块鳞片是属于海鳗的，而且这个海鳗年龄超过百岁。不久后，水下声控摄像机也拍摄到了这样一段视频：巨大的海尾鱼一闪而过，随即消失。弗里曼认为这条巨大的海尾鱼属于海鳗，而且是超过百岁的巨型海鳗。

2007年，瑟恩博士在尼斯湖已经待了35年，这一年，英国科学家对巨型海鳗进行了详细的研究，一举揭开了尼西的神秘面纱，原来传闻几个世纪的尼西竟然是年龄超过百岁的巨型海鳗。普通海鳗也就只能长到80

厘米左右，而巨型海鳗的身长似乎没有限制，海鳗在尼斯湖里没有天敌，经过百年的毫无节制的进食，最终导致海鳗身躯逐渐庞大……

虽然瑟恩博士等人宣布尼西就是巨型海鳗，这个结论也得到了众多科学家的认可，但仍有不少科学家相信，在尼斯湖底确实存在着一种不为人知的生物。他们的理论依据是尼斯湖在远古时代曾经是一片海洋，很有可能生活着远古生物或者远古生物的后裔，只是目前还没有发现而已。

巨型海鳗的发现让人们更加相信，世界是多姿多彩、无奇不有的，谁也无法否定，在尼斯湖底是否还有另外一种不为人知生物的存在。但事实究竟与否，只有等待科学家进一步去探索、研究，寻找事实真相。

第二章
喀纳斯湖的精灵

中国新疆阿勒泰地区布尔津县北部有个月牙形的淡水湖，即喀纳斯湖。当地有个神秘的部族，部族老人一直在诉说湖中有个水怪，老人将它尊称为"湖圣"，认为它是部族的保护神，也有不少人宣称曾看到湖怪"大红鱼"出现，喀纳斯湖中千古之谜，正等待人们解开……

真实的传说

世界各地都有关于水怪的传说,然而很多传说后来被证实,要么是以讹传讹,三人成虎;要么就是人为造假;要么是错误地将某些事物当成了水怪;很多传闻经不起推敲,更经不起事实考验。实践是检验真理的唯一标准,但是有个地方的传闻却经过了重重的实践检验,那就是喀纳斯湖。它就像宛如沉睡在森林深处的珠宝一般艳丽多姿,在这个处处如画的地方,关于水怪的传说却越来越接近现实。

喀纳斯湖位于布尔津县境北部,属于高山湖泊,面积很大,湖水深达200米,湖面碧波万顷,群峰倒影,群峰即四周雪峰,绿坡墨林,据传湖面的颜色会随着季节变化而变化。整个湖泊呈月牙形,两端狭窄面积小,往内越发宽广,湖岸线绵长而曲折,沿岸有六道向湖中心凸出的平台,因此而形成六道湾。各道湾形状不一,传说各异,作用各异,如第三道湾是观赏落日的最佳地点;第四道湾则是探寻湖心秘密的最佳地点,喀纳斯湖的水怪传闻大都是在此发现而流传于世的。传说在湖内还有嫦娥奔月时留下的一对光脚印。

喀纳斯湖自形成以来,由于处在深林高山中,再加上当地常常有雾霭弥漫,因而人烟罕至,即使有人来,也不敢轻易冒险深入此地,唯恐误入泥沼地、断崖或凹坑，若如此，那真是叫天不灵，叫地不应。所以这片湖泊常年处于宁静无人打扰之境，直到 20 世纪 80 年代，有人闯入了这宁静的区域，从那以后，喀纳斯湖的传说逐渐流传开来。

当时，砍伐树木的人很是猖獗，因而少不了人去森林巡视，有个叫金刚的护林员兢兢业业，吃苦耐劳。这一天，他把船停靠在岸边，从山上下来，突然发现喀纳斯湖湖面上漂浮着一个庞然大物，他目测此物的长度是船的两倍有余，露出了黑色的脊背，在湖中缓慢移动，此时天色已晚，夜幕降临，金刚看不清此物，于是便返回驻地，并没有把此事放在心上。

两年后，金刚再次到护林站去，登高远眺时，发现湖面上又出现了这个庞然大物，两年前的记忆再次涌上来，他觉着这事很是蹊跷，便将此事告诉了当地的一个老人，老人听后勃然大怒，训斥、嘱咐金刚不要打扰此物，并且不要将此事张扬。

这个老人是图瓦族人，是成吉思汗的后人。图瓦人一直驻守在湖边，因为他们在此有神圣的使命，那就是守护王陵，而湖中的水怪被图瓦人称为"湖圣"，并认为这是他们的守护神。

据传，当年成吉思汗西征时经过此地，见此湖水清景美，游鱼甚多、两岸密林、山石耸立，成吉思汗被景色吸引，于是下马并下令让部队调整休养。远途奔波，成吉思汗早已感到口渴，于是他用手从湖中舀水倒入口中，只觉湖水味道清甜，入喉后仍余味无穷，值得细细品尝。

片刻后，他问手下将领这是什么水，味道为何这样甘甜？将领哪里知道是什么水，但是见成吉思汗很喜欢这湖中的水，便说这是喀纳斯。喀纳斯在蒙古语中就是神秘的意思。成吉思汗大笑，众将士齐声喊，这就是喀纳斯。成吉思汗觉着这很吉利，是上天给予的好征兆，于是说："甚好，此湖就叫作喀纳斯湖吧。"

后来，成吉思汗坠马跌伤，病重去世，他的遗体就沉在喀纳斯湖中，图瓦人的祖先奉命守卫王陵，因而世代隐居在此，不久后湖中出现了水怪，图瓦人认为那是保护成吉思汗亡灵的"湖圣"，对它尊敬有加，并严格拒绝将湖圣的消息传播给世人，即使是外人发现也严格要求他们不要将此事张扬出去，金刚就是被要求人中的一位。

不过这个传说难以验证，当地人更相信的是另外一个传说。

话说很久以前，有个牧民赶着马匹去湖边放牧，湖边水草丰盛，马儿吃饱了就在湖边饮水、奔跑、嬉闹，天空晴朗，白云如柳絮般，暖洋洋的太阳晒得牧民有些困意，他登高望远，查看四周发现并无他人，又见马儿在乖乖吃草饮水，于是便躺在草地上渐渐进入梦乡……

身处适宜的环境中，牧民睡得很香，等他醒来时，伸伸懒腰，却发现湖边已无马匹的踪影，他大吃一惊，匆忙跑到湖边，却被眼前的景象惊呆了，只见湖水已变得血红，岸边还有不少马蹄印，看起来马匹好像都被某种生物给吃了。尸骨无寻，只看到了被染红的湖水。牧民很是慌张，不敢深究，拔腿便跑回家。

牧民将此事告知邻居、朋友，口耳相传，不久后，当地人都知道了喀纳斯湖中有个水怪，而且水怪还吃马，那么难保不吃其他如牛、羊之类的动物，一度没人再敢去湖边放牧。

后来有两个猎人为了捕捞水怪，潜伏在喀纳斯湖边的草丛中，猎人虽然胆大，但还是有些害怕，毕竟水怪吃马，难保不会吃人。虽后怕但也只能硬着头皮守候，没等多久，两人便看到湖中出现几只巨大的水怪。水怪呈鱼形，满身通红，像是"红鱼"，湖水被水怪搅动得波浪滔天，其中一位猎人壮起胆子，举枪射向离他较近的一只水怪，随着枪声响起，几只水怪突然失去了踪影，只见湖面翻起层层浪花，高达一米，等湖面再次变得风平浪静后，湖边却没有了猎人的踪影……

基于此，水怪吃人的传说便流传开来，不过水怪的模样随着流传次数增多，流传时间的增加，反而越来越模糊了，甚至有人传言，湖中的水怪能够腾云驾雾，还能使用障眼法，悄悄地靠近猎物，然后伸出大嘴将猎物吞进腹中。总之，越传越邪乎，好像水怪无所不能，但是自从两位猎人失踪后，到湖边的人是越来越少了。

当地人都不敢去湖中打鱼，也不敢在湖边放牧。不过偶尔还是有人偷偷地来到湖边，然后被水怪杀害的消息又传来，当地人紧张兮兮，为了防止水怪再害人，他们组织过多次围剿水怪的行动。

有一次行动他们特地打制了一只大铁钩，用牛头作为诱饵，置之于铁钩上，然后用绳子系上铁钩，绳子的另一头则系着 20 匹马。根据传闻，水怪必然是个庞然大物，力大无穷，所以才用 20 匹马来拉。水怪终于上钩了，他们便赶着马拉着绳子往前走，走了没多远，20 匹马就累得口吐白沫。人们很快又想出了其他办法，将绳子系在几颗大树上，系好绳子后以为万无一失，结果"砰"的一声，绳子断了，水怪逃跑了。

人们不甘心，再次进行捕捞，这次它们用牛皮制作了一张特大的网，用 5 艘船拖着，水怪再次上钩，被网束缚，然而水怪的力量很大，一挣扎，5 艘船就像是遇到了台风似的，东摇西晃，没一会儿 5 艘船都沉入湖中，网也在水怪的挣扎中破裂，水怪逃了出去。

捕捞水怪的活动暂时停止，因为人们面对力大无穷的水怪束手无策。

从那以后，当地人都得知湖中确实有个水怪，而且力大无穷会伤人，所以再也没人敢去湖边。

1931年，有位牧民并不相信湖中有水怪，他来到湖边放牧，听到湖中好像有异常的声音，一开始如同闷鼓声般，后声音渐响，等如鼓声响时，湖面突然涌起数米高的浪花，接着几条红色鱼形动物便浮出水面，在阳光照耀下，很是壮观。牧民惊呆了。他将此事告诉其他人，水怪再度成为人们茶余饭后的谈资。

和其他水怪传说不同，见到喀纳斯湖的"水怪"的人是多数，很多人都声称水怪是红色的鱼形动物，而且还有人捕捞过，真实度很高，而其他水怪传闻则对于水怪的模样都不清楚，看到的人也少，拍到的照片更是模糊不清，可信度很低。虽然喀纳斯湖水怪传闻十分逼真，但究竟是不是真实的事情，还有待进一步的验证。

巨大的红鱼

喀纳斯，在蒙古语中就是神秘的意思，喀纳斯湖的神秘在于其神奇的景色，更在于其层出不穷的水怪传闻，当地人对这些传闻大多是信以为真。喀纳斯湖四季风光不同，十分诱人，据说成吉思汗的重臣耶律楚材就很喜欢这里，曾经作诗歌颂："谁知西域逢佳境，始信东君不世情。圆沼方池三百所，澄澄春水一池平。"

喀纳斯湖水怪的传闻传出去后，有不少人慕名前来，希望能够一睹水怪的身影，不过他们都不敢靠近湖边太近，只是在远处观望。同时也有不少科学家被水怪传闻吸引前来探索。

1980年，新疆水产科研人员率先展开了针对喀纳斯湖的调查。调查中，他们在湖边水草丛中发现了一些牛马羊骨架，骨头保存得很完整，看起来像是遭受猛兽的袭击，科研人员推断，很有可能是湖中水怪所为，而且这个水怪必然是个庞然大物，至少体积、力量比马牛要大些。这次调查后，喀纳斯湖中有水怪的消息更像是添了翅膀似的，到处飞。喀纳斯湖很快便闻名于世。

1985年，又有一支科研考察队前往喀纳斯湖，调查湖中的水怪究竟是什么生物。这一次领队的是新疆大学教授向礼陔。向礼陔是个生物学专家，在生物学领域很有研究，所以这次考察他当仁不让成了领队。

考察队到达喀纳斯湖后，便布置一张百米的大网，在捕捞水怪的同时，也希望能够捕捞一些湖中的独特鱼类。这张网就放置在湖中，他们照常吃饭、睡觉。第二天，天刚刚蒙亮，他们满心欢喜地来到湖边，希望能够有所收获，却惊讶地发现大网不见了。

向礼陔认为大网可能被湖水冲走了，于是他带领科研人员在湖中下流寻找，然而找了两天，大网仍是不见踪迹。一张百米的大网怎么会无缘无故消失呢？有成员认为可能是被牧民拿走了，但是向礼陔认为，这次考察得到了牧民很多帮助，他们不可能拿网。他们继续寻找，这次寻找的范围不再局限于下流，而是整个湖，因为如果是水怪所为，大网不一定在哪里了。

到了第三天，他们终于在湖上流处发现了大网，大网收缩成一团，一端还沉在湖水中，人们将大网收起来，然后在岸边将大网展开。大网并不是完好无损，而是被撕开了一个口子。向礼陔对网的结实度很有信心，就算是用刀去割，这么大的一个口子恐怕也要费时不少。真的是水怪将网撕开的吗？

考察队没有答案。他们只好继续调查，蹲守在湖边的水草丛中，这一观察就是几天，就在他们将要失望时，湖面突然有了动静，浪花翻滚，向礼陔清晰地看到在浪花翻滚的下方有个巨大的生物在缓慢移动，他拿起望远镜，看到该生物是红色的，不过该生物很快就潜入湖中深处。

这些天的辛苦终于有所收获，考察队的成员都兴奋不已，他们决心继续观察。第二天，向礼陔带领着团队成员到距离湖边不远的高处观望。等了几个小时候，湖面开始有波浪翻滚，大家都紧张起来，拿着望远镜目不转睛地盯着，有成员拍摄了几张照片，从照片来看很像是巨鱼，而且是红颜色的巨鱼，向礼陞等人将它称作是"大红鱼"。

这时，另有一支考察团前来考察，两支考察团相遇，向礼陞兴奋地告诉对方，他们发现了"大红鱼"的身影，对方不信，即使看过照片后，仍是有些怀疑。这支考察团来自于新疆环境保护研究所，其中有个成员叫袁国映。袁国映早就对水怪很感兴趣，在1980年，他就曾来喀纳斯湖考察过，不过那次考察一无所获，兴奋而来，失望而归。

第二天，袁国映便和考察队其他成员来到湖边，想碰碰运气，希望能够看到红鱼。天气晴朗，万里无云，放眼望去，湖面上风平浪静，不过好像有很多小圆点，杂乱而没有规律。袁国映没有放在心上，但是旁边用望远镜观察的成员却说，这是"红鱼"。袁国映也拿起望远镜查看，只见那些小圆点面积很大，看起来像是鱼头，这种情况就像是鱼直立在水中，隐约中还能看到鱼的影子，通过影子可以稍微看出鱼的形状。袁国映立刻将眼前所见拍摄下来，从摄像来看，影子确实像鱼，而且是个巨鱼。

有队员问："这些影子难道就是向礼陞等人所说的'大红鱼'？"袁国映说："很有可能。""但是这些影子会不会是小鱼聚在一起而形成的？"袁国映回答说："不会。"按说一些小鱼确实喜欢聚集在一起，但是通常也就10多分钟，不可能持续几个小时，因此袁国映断定这些影子必然不是小鱼聚集而成的，而是实实在在的"大鱼"。

袁国映根据摄像视频推断，大红鱼的长度在10米以上，而且根据影子可以粗略推断，大红鱼的数量约60条。如果推断是真的，那么必然会引起轰动，目前已知最大的淡水鱼是鲟鳇鱼，不过它的长度一般是7米左右，而大红鱼的长度可以达到它的两倍。

考察队对这个发现惊讶不已，为了证明自己的推断是正确的，袁国映带领考察队成员制作了一个巨大的鱼钩，希望能够捕捞一条红鱼。同时，他们知道大红鱼力大无穷，所以将绳子的一端绑在一棵树上，为了这次行动，他们做了很多准备。不过，行动的结果却让人遗憾，无论是采用什么诱饵，这些鱼都不上钩。

喀纳斯湖呈月牙形，其上流入口和下流出口都非常窄小，大红鱼是不可能从外游进来，也不可能游出去，因而考察队成员认为，大红鱼如果属于鱼类的话，必然是喀纳斯湖的鱼类的一种。通过调查和对比，他们认为大红鱼很有可能是哲鱼鲑。

哲鱼鲑非常贪食，是淡水鱼中最凶猛、最机警的鱼种之一。哲鱼鲑在青年期体长1—2米，等到成年后，体长可以达到5米，那些活得时间较久的则可以达到10米以上，再加上哲鱼鲑身上有红色的斑点，因而符合考察队成员多看到的红鱼。

1985年8月11日，《新疆日报》发表了向礼陔等人的考察结果，在报纸的头版位置用巨大的字体写着：喀纳斯湖中发现巨型红鱼，文章称：考察人员在离湖边不远的高地发现，湖中竟然漂浮着几十条红巨鱼，根据保守推算，鱼头的宽度应该在1米左右，巨鱼的长度在10米以上……

这则报道引起了轰动，很多外国专家学者纷纷来到喀纳斯湖。不过也有人提出了反对意见，如黑龙江水产研究所所长任幕莲，他在看到报道后认为在喀纳斯湖中出现10米以上的巨鱼是不现实的。他还捕捉了大量的哲鱼鲑，计算它们的长度与体重之间的关系，并得出一个粗略的结论，那就是喀纳斯湖中的哲鱼鲑身长最长也就不到4米，不可能达到10米以上。同时喀纳斯湖的面积很小，而且很狭长，湖中又没有充足的食物和养料，怎么可能养出 10 米以上的巨鱼,而且数量多达几十条?

不久后,任幕莲带领着一支考察队前来考察,这次行动的主要目的是捕捞红鱼,而且是 10 米以上的红鱼。刚到的那几天都是阴雨绵绵,考察队没法展开搜捕活动,等到第 6 天,天空中的乌云才逐渐散去,天空变得晴朗起来,他们便开始捕捞活动。在捕捞的过程中,遇到了不少问题,但都被任幕莲一一解决。

捕捞活动整整进行了 6 天,然而收获却很少,捕捞到的 50 多条大红鱼长度都很小,最长的一条也不到一米,为什么捕捞不到那些长达 10 米以上的红鱼呢,是它们太狡猾了吗?

捕捞过程中,考察队成员分为两部分,一部分在前,一部分在后,向湖中心游去。同时还制作了 20 根 4 米长的标杆,将标杆放在水中,这样在红鱼经过时,便能够根据标杆大致推断出红鱼的长度来。6 天的过程中,他们确实看到了一条长度比较长的鱼,不过根据标杆推断,其长度只有 4 米左右。

考察结束后,任幕莲越想越觉得喀纳斯湖中不可能存在 10 米以上的红鱼,这样的红鱼体重大约在 10 吨以上,湖中不可能有这样的"巨无霸",他给出了三个理由:

第一,生物的生长大都受环境和基因影响,不可能无限生长,也不可能不停地收缩下去,虽然其长短会有不同,但是差异不会太大。除非是那种寿命不受限制的,但是红鱼的寿命是有限的,目前已知的最长寿的红鱼也不到百岁。因此,红鱼不符合长寿这一条件。

第二,假设湖中有这样的巨鱼,但是几十条巨鱼每天所需要的食物是非常庞大的,而喀纳斯湖并不大,不可能提供这么多食物,也就是说如果几十条巨鱼真的存在，那么必然会造成湖中鱼类资源急速减少，大多数鱼都会成为大红鱼的食物。然而根据调查，喀纳斯湖中的鱼类资源非常丰富，栖息密度极高。也就是说湖中并没有大红鱼那样的巨型生物。

第三，关于大红鱼长达 10 米以上言论的由来，都是根据照片或者摄像视频推断的，而这些照片或者视频拍摄得都很模糊，并不能因此证明大红鱼的长度在 10 米以上，另外还有些目击者的证明，是目击者根据经验估算的，这种估算缺乏科学性。

因此任幕莲推断，喀纳斯湖中不可能存在 10 米以上的大红鱼，而且他们的考察结果也证明了这点。当然也有人反对，任幕莲捕捉到的最长的是不到一米的哲鱼鲑，而看到最长的却有四米长，这么说来，也许湖中有巨鱼，只是任幕莲等人没有看到。众说纷纭，争论不休。不过自从这次考察后，很长一段时间内，没有人声称自己见过大红鱼。

10 米以上的大红鱼究竟存在与否，尚不能给出明确的答案。毕竟喀纳斯湖最深处近 200 米，也许在最深处，恰好有条大红鱼静静地蛰伏在那儿，一动不动。

深湖的魅影

喀纳斯湖曾在长达 15 年的时间内风平浪静，好像又回到了尚未被人发现时的场景。1988 年，任幕莲考察后发表声明，喀纳斯湖中不可能存在 10 米以上的大红鱼，人们也逐渐忘记了这个位于高山深林处如珍珠般的湖泊。直到 2003 年，这个深湖里的魅影又一次出现在人们面前。

2003 年 9 月 27 日 19 时，这一天很特殊，因为距离喀纳斯湖约 100 公里的地方发生了地震，据说在地震前的 20 分钟，喀纳斯湖面突然涌起一阵水波，水波很强烈，不久后有人看到从湖中跃起一个庞大的黑色物体，不过这物体很快又潜回水中。

发现这一现象的是巴扎尔别克、赛力克等人。巴扎尔别克是喀纳斯湖景区的管理局副局长，当时他正在检查旅游安全工作，他说，在短短的半分钟内，喀纳斯湖出现了两次有庞然大物跃出水面的现象，体长在 6 米左右，它们跃出和跌入水中时，湖面波浪滚滚，浪花很高……不过这次由于是在检查安全工作，所以巴扎尔别克等人都没有带相机，这一反常的奇观也没有被拍下来。

这则消息让宁静很久的喀纳斯湖再次出现在人们的视线里，成为人们的谈资。会不会是因为地震而导致久未露面的水怪再次出现了呢？水怪到底是不是"大红鱼"?"大红鱼"有多大,会有 10 米以上吗?为什么有些教授认为 10 米以上的大红鱼是可以存在的,有些则认为不可以呢?"大红鱼"是不是哲罗鲑鱼呢?关于喀纳斯湖还有很多谜团,扑朔迷离,迷雾重重。

2004 年 5 月 28 日,天空湛蓝,层层云朵像雪花似的,有浓厚、有稀薄的地方,但即使是浓厚的地方,也有阳光透射过来,瑰丽地熠熠发光。这一天,袁国映受邀请参加一次会议,来到了湖西骆驼山,下车后拾级而上,从这里能够看到喀纳斯湖。不时地有游艇从喀纳斯湖湖面上像鱼一样划过,翻起层层浪花。

自从 1985 年袁国映考察过喀纳斯湖发现大红鱼后,他一直都关注着喀纳斯湖,所以这次他的目光又被喀纳斯湖吸引了过去,然而等他到了峰顶,仍然没有看到巨鱼的影子。过了一会,他便往下走,过程中不时地往下张望,希望能够看到巨鱼,但是让他感到遗憾地是,巨鱼始终没有出现。

到了半山腰时,前面有 1 女 5 男正在观察着湖面,热情地讨论着什么,袁国映也往湖面望去,只见湖面上好像有个黑色生物,不过看起来又像是塑料袋,远远望去像是个"之"字,据估算,其长度应该在百米左右。一时间,袁国映感到很奇怪,谁把这么长的塑料袋仍在湖中?

1 女 5 男中有人说快看,它在动。袁国映回过神来,盯着湖面,果然发现湖中的塑料袋在缓慢移动,他很好奇,观看一会后才突然醒悟过来,这并不是塑料袋,而是几条大鱼聚集在一起。几条大鱼将脊背露出来,所以看起来才像是黑色塑料袋。大鱼的长度约是岸边树木长度的两倍,袁国映赶紧将相机拿出来准备拍照,然而这时大鱼已经开始潜入水中,袁国映并没有将"之"字奇观拍下来，只拍到了几条鱼的脊背。

袁国映推断，这些鱼中最长的大概在 15 米以上。当然这只是他的估算，实际上有多长，未曾得知。但是袁国映认为这种鱼可以称为"湖怪"，后来他曾经写过一本书，书名叫作《喀纳斯湖怪之谜》，书中描述了他几次所见到水怪时的场景。

"湖怪"的消息流传开来，喀纳斯湖再次名声大噪，吸引着不少人前来旅游。在 2005 年 6 月 7 日，有一群来自北京的游客，乘船在喀纳斯湖上游玩，蓝天绿水，湖光山色，景色宜人。人们议论纷纷，讨论所见所闻，突然从一个巨型生物从岸边游向湖中心，船上的人都被惊呆了，再加上曾经传说水怪会伤人，因而他们又有些担心害怕。不久后，他们看到水怪突然变成了两个，一个在前，一个在后，有游客回过神来，拍摄了录像。从录像中可以看出湖中有个阴影，甚至还可以看出像背鳍的东西，很像是哲罗鲑鱼。

2005 年 6 月 8 日，"湖怪"再次露出水面，据一位目击者说："当时我们正在湖中乘船游玩，还拍了很多照片。"目击者说当时他正在半山腰，突然看到湖中有两个亮点，一闪一闪的，就像是镜子反射阳光似的。于是，他喊来其他人一起去湖岸边看个究竟。走到湖边，几人发现真的有东西在湖中游动，而且有四条。它们游过后，湖面上开始泛起道道水痕，一会露出水面，一会又沉入湖底，最大的一条大约有 7 米，最小的一条大约有 5 米。当时，他还拍下了很多照片，但令人遗憾的是，照片很模糊，看不清湖中的"水怪"。他说，当时看到水怪后很激动，只顾着用相机拍摄照片，忘记用摄像机将它录制下来。

2007 年 7 月 5 日，天气还不错，虽然才是早上 9 点，喀纳斯湖上的游客已经很多了，他们或在湖边用望远镜观望，或者乘船遨游湖中，突然间，游客变得很激动，湖边的游客用望远镜都观望相同的方向，湖中的船只也悄悄地靠拢，船上的游客拿着相机对着同一方向猛拍，循着方向望去，只见前面出现了一大群巨型鱼，这些鱼仿佛没有看见游客似的排成人字形，浩浩荡荡，无所畏惧地朝前游去，景象甚是壮观，有游客将此情景拍了下来。后来中央电视台也曾播放过游客所拍摄的视频。袁国映分析了该视频，称游客所看到的景象是巨鱼在捕食，大约8条巨鱼在追捕差不多数量的较小的鱼，因而才会有如此独特的生态现象，而且从视频来看，这些小鱼很快成为巨鱼的食物。

2009年8月，再次有人发现了"水怪"的身影。古丽巴哈是维吾尔族人，是新疆气象局老干处的一名老干部。某天，他组织退休的老同志一起去喀纳斯湖游玩。古丽巴哈早就听过喀纳斯湖的大名，对其中水怪传闻也略有耳闻，早就想目睹喀纳斯湖的风光，这次梦想成真，她有些激动。他们乘船泛舟，看到景色诱人的地方就停下船来，拍照、观赏。他们的船只停靠在三道湾时，前面约百多米处突然浪花滚滚，游人很奇怪，当时喀纳斯湖风景怡人，风平浪静，怎么会有掀起的浪花呢？

"湖怪！湖怪！"游客中有人惊喊起来。

古丽巴哈来喀纳斯湖前就已做了相应的准备，事实上，每个来喀纳斯湖的游客只要是有心，都会准备相机，希望能拍到水怪。听闻有水怪，古丽巴哈并不惊慌，她从容地拿出摄像机，将眼前的景象拍摄下来，从视频来看，很像是有水怪在追逐，一个在前，一个在后，水怪身影有些模糊，因为都被它们所引起的波浪遮掩，据专家推断，两个水怪的长度都在10米以上。

眼前的景象似乎让游客们坚定了湖中有水怪的想法，在过去很长一段时间内，人们不再相信湖中有水怪，然而深湖中的魅影似乎又在说明，水怪从来没有消失过，它只是隐匿了一段时间，而如今又浮出水面，如王者般宣告归来……

食物链的奥秘

水怪归来的消息传出后，引发了海内外广泛的讨论，其中最主要讨论的问题是湖中的水怪到底是什么，身躯如此庞大的水怪以什么为食？对此，很多国内外专家学者都发表了自己的见解。

新疆大学的黄人鑫教授早年就对喀纳斯湖水怪很感兴趣，多年来不断地研究，成为水怪研究专家之一。他认为，喀纳斯湖水怪可能是不存在的，目击者多看到的各种浪花、鱼鳍等，很有可能是光的折射作用形成的，如看到的鱼鳍很有可能是一段枯木。如果说湖中真的存在水怪，那么最有可能的就是湖中某种大型鱼。

对此有议论的人不少，也有人认为湖中可能存在着一种未被人发觉的怪兽，就像是侏罗纪时代的恐龙那样。袁国映调查过新疆的古生物种群，在喀纳斯湖以及附近都没有找到恐龙生活过的迹象，而且从时间上推断，恐龙早在6500万年前就已经灭绝了，而喀纳斯湖却只有20万年的历史。

湖中怪兽是恐龙的可能性几乎被排除了，但是袁国映表示，也有可能是远古时期某种生物迁徙到喀纳斯湖附近区域，因而躲过了重重灾难得以生存下来。不过这种情况的可能性也是非常小的。

水怪之谜，扑朔迷离，众说纷纭，为了解开谜底，多家科研单位联合起来组成一支喀纳斯湖综合考察队，考察的内容主要是湖中的鱼类品种，没有直接将考察水怪写入日程表中，但每个成员心里都希望能够解开水怪之谜。不久后，研究队员们相继发现了一些罕见的生物品种，如白化熊、阿勒泰林蛙、胎生蜥蜴等。

白化熊和北极熊不同，白化熊是通过变异而形成的一种新品种，成员们想，会不会湖中的水怪也是在漫长的岁月中，通过层层变异而形成的呢？或者说某种生物为了在喀纳斯湖中更好地生存下去而变异，如从温驯变得强悍凶猛呢？

不过这其中最重要的一个问题是，假如变异说成立，湖中真的有长达10米以上的水怪，那么身躯如此庞大的水怪每天所需要的食物数量之多，是从何获得的呢？如果水怪属于哲罗鲑鱼，哲罗鲑鱼要想繁衍下去，就必须洄游到湖中的上游，而喀纳斯湖呈月牙形，湖上游是非常狭窄的，长达10米的哲罗鲑鱼是如何通过的呢？如果通不过，那么哲罗鲑鱼又将如何繁殖呢？

当然也有另一种可能，那就是湖中的水怪属于新物种。根据自然规律，新物种必然会有幼体的存在，然而在多次考察中，人们并没有发现喀纳斯湖中有新物种的幼体存在。

关于喀纳斯湖水怪的猜想很多，但是哪一种才是最接近真实呢？

李思忠任职于中科院动物研究所，他曾经看到过不少关于喀纳斯湖水怪的照片、视频等，他着重分析了当年袁国映拍摄的大红鱼录像，他认为，录像中显示的并不是一条条大鱼，而是一群群小鱼。从生物学的角度来说，喀纳斯湖是不可能养出长达10米以上的大鱼的，也就是说，在喀纳斯湖中无法形成一个完整的食物链，来让10米以上的生物得以长久生存，或者繁衍下去。

关于食物链的说法，袁国映有着自己的见解。他在1985年曾经观察到许多巨型鱼，当然这些巨型鱼的大小有所差异，大小差异的鱼浮现在水面上，彼此会隔开相当的距离，似乎互相有戒心。我们通常所见到的鱼群大都是大小一致，方向一致，而很少见到大小不一致的鱼聚集在一块，究其原因，很有可能就是大鱼吃小鱼，所以它们之间才会有戒心，小鱼见到大鱼就会远离。如一条10米以上身长的大型鱼可能会吞食5米左右的中型鱼，而且巨鱼很少活动，能量消耗少，再加上水中温度很低，大型鱼吞食中型鱼后，很可能几个月内不再需要进食。这样一来，就会形成一条完整的食物链。

当时人们普遍相信"同类不相残"的生物规律，袁国映也是相信这个说法的，他之所以提出大红鱼会"同类相残"，是根据观察到的情景判断出来的，小型鱼不敢靠近中型鱼和巨型鱼，很有可能就是怕被吃掉。这个结论反对的人多，支持的人少。

水怪研究专家任幕莲是支持袁国映"巨型鱼吃中型鱼"的说法的，他认为，在某些特定环境下，"同类确实会相残"，如雄紫貂在特定条件下，会找到自己的孩子并且吞食掉。

大红鱼"同类相残"的说法得到了验证。在1998年，有人在喀纳斯湖的下游捕捞到了一条长近两米长的大红鱼，当时有个叫赵云钢的老板将它买了下来。赵云钢是开饭店的，颇有生意头脑，这条大红鱼花了他4000多元。他将红鱼拿回饭店剖开后发现，在红鱼肚子里有条长约80厘米的大红鱼，而在大红鱼的肚子里有条30厘米长的北极茴鱼。这个现象说明，同类确实是会相残的。赵云钢将这条红鱼的皮制作成标本，放在玻璃柜中陈列，很多人听说后便前来观赏，但是观赏并不是免费的，每人要交10元钱才能看到标本。

如今，这条红鱼标本仍陈列在饭店中，吸引着众多游客前来观赏，给饭店带来了很多客人，除去当初购买红鱼的成本，赵云钢赚了不少钱，而且这条红鱼标本还将继续为饭店招财送宝。

海洋中抹香鲸身长达20多米，身躯如此庞大，每天所需要的食物也是相当多的。抹香鲸的食物是磷虾，磷虾是十分小的，不过对于鱼类来说，尤其是大红鱼那样的鱼类，要靠捕捉磷虾来充饥，恐怕一天内大红鱼都要不停地捕捞不得休息。这是因为大红鱼没有长牙须。鲸鱼口内有梳子一样的长牙须，鲸鱼大口一张，磷虾和海水都会吞入口中，这时长牙须就像是过滤网一样，将磷虾留下来，而将海水排出。

在喀纳斯湖中，其他种类的鱼长度最长的也不超过一米，对巨型红鱼来说，这样的鱼当食物无异于塞牙缝，而且小鱼分散在湖中各处，并不集中，想要捕食足够填饱肚皮的分量并不容易，因而大红鱼如果不"同类相残"，那么就形不成完整的食物链，就是说巨型红鱼很难生存下去。

大红鱼的分布很广，但是其他地区的红鱼并不像喀纳斯湖中的那般巨大，这是什么原因造成的呢？

袁国映认为，这是受喀纳斯湖的特殊生态系统环境影响的。在喀纳斯湖中，巨型红鱼处在生物链的最顶端，在湖中没有天敌，以及喀纳斯湖的环境很适合巨型红鱼生存。

喀纳斯湖面温度差很大，而且四季相差特别大，夏季最热时，其表面温度可达 20 多摄氏度，而在冬季，其表面温度可达零下 20 摄氏度，因而可以看出其温差特别大。但是在喀纳斯湖深 40 米以下，其水温变化却是非常小，夏季不高于 5 摄氏度，冬季不低于 4 摄氏度。因而可以看作水温稳定。

大红鱼属于耐低温的鱼类，当然目前还无法得知大红鱼是否经常在深水区活动、栖息。如果大红鱼主要在喀纳斯湖的深水区活动，在这种环境中，新陈代谢是非常慢的，饱食后便能维持相当长的一段时间，而且在低温中也有个好处，那就是长寿。在喀纳斯湖，大红鱼没有天敌，又能够长寿，要是有足够的食物，那么出现十多米长的大红鱼也不是不可能。

喀纳斯湖水怪的传闻吸引了不少国内专家、学者，同时也吸引着不少国外的专家、学者，威伦姆·哈尔森就是其中一位。哈尔森是一位来自荷兰的生物学家，对生物变异现象深有研究，曾研究过西伯利亚鲟鱼移居阿姆斯特丹后的表现，并从中发现一些从小就喜欢吃小鱼的鲟长得快，而且等长到一定程度，就会变得有攻击力，爱攻击同类。在听说喀纳斯湖水怪传闻后，哈尔森很感兴趣，于是前来考察。在尚未考察之前，他认为湖中的水怪很有可能就是大型鲟鱼或者其他生物的变异物种。

袁国映见到过这位来自荷兰的生物学家，他告诉对方，湖中并没有鲟鱼存在，水怪可能是巨型哲罗鲑鱼。

哈尔森并不这么认为，哲罗鲑鱼属于耐低温的鱼类，湖底的温度很适合它们，它们没有必要隔段时间就要浮出水面，因此可以推测，它们之所以要浮出水面，是因为在湖底有什么东西是令它们害怕的。而鲟鱼不同，鲟鱼是生活在水底的，只要有足够的食物，它们可以永远都不浮出水面，而且在饱食后，它们能够维持好几个月一动不动，即使鲟鱼死了也是沉在湖底，因而没有见到鲟鱼是很正常的，但并不能否认湖中有鲟鱼的存在。他还指出，喀纳斯湖与北冰洋是相通的，鲟鱼有可能游到喀纳斯湖。

袁国映仍然坚持认为湖中水怪就是哲罗鲑鱼，两人各持己见，谁也无法说服谁。目前，从湖中捕捞的哲罗鲑鱼长度还没有超过3米的，如果湖中真的存在10米以上的哲罗鲑鱼，为何至今捕捞不到呢？另外，最让人们无法解释的是，哲罗鲑鱼属于鲤科鱼类，这类鱼会洄游，然后繁衍，但是喀纳斯湖的上下流河道都非常狭窄，巨型哲罗鲑鱼是如何通过的呢？但是在多次考察中，考察队曾观测到大鱼的存在，这点很让人费解，前后矛盾，如果水怪不是哲罗鲑鱼的话，那么会是什么呢？

任幕莲并不赞同湖中存在10米以上巨型鱼的说法，任何生物的生长都是受环境和遗传基因限制的，不可能无限制生长。虽然这种说法有一定的科学依据，但是在喀纳斯湖曾发生那么多的目击事件，以及湖边发现的动物尸骨，却又表明湖中确实有某种水怪存在。所谓的水怪是人们臆想出来的吗？还是真的有水怪存在呢？关于食物链，真的像袁国映所说的那样吗？哪种说法更接近现实呢？等等谜团，仍让人百思不得其解。

也许，只有等到某一天，人们捕捞到湖中的"水怪"，真相才会大白于天下，才能破解食物链的奥秘……

珍贵的国宝

喀纳斯湖边青草悠悠，树木蓊郁，慕名前来的游客密密麻麻挤在岸边，从北京来的某游客正在悠闲地伸展躯体，他高兴地说："我终于来到了传说中的喀纳斯湖，要是能够一睹水怪的真面目，就心满意足了。"身边的游客听到后，也点了点头。像北京游客怀着同样心思的人恐怕不在少数。自从喀纳斯湖水怪的传闻名扬海内外，吸引着众多来自世界各地的游客，对他们而言，喀纳斯湖水怪挠到了他们的心坎处，不前来观望一眼，心痒难耐。当然能够见到水怪的那是少之又少，不过喀纳斯湖的风景也算是一绝，游客倒也不至于一无所获。

然而，越来越多的游客到来也破坏了喀纳斯湖的生态环境，同时也破坏了湖中生物的食物链，导致喀纳斯湖的生态系统遭到了严重的破坏。

除了水怪外，喀纳斯湖中生存着许许多多珍贵的鱼类，这些鱼类或许是水怪的食物来源之一，当然喀纳斯湖有着巨大的水体，这些鱼类想要躲避水怪的捕食，还是相当容易的。众多科学家、生物学家将湖中的哲罗鲑鱼认作水怪。哲罗鲑鱼俗称大红鱼，属鲑形目鲑科，因身体两侧呈淡紫褐色而得名"大红鱼"。

大红鱼生长得很快，再加上在喀纳斯湖中没有天敌，块头增长迅速，成为湖中体长最长的鱼类。同时，大红鱼属于肉食性凶猛鱼类，凶狠勇猛，常年隐没在水中，主要以鱼类为食，如湖拟鲤、尖鳍鮈、真鱼岁、北方须鳅等。成年鱼在繁殖季节体色发红，这是其名由来。每年当天气变温暖时，哲罗鲑鱼便开始洄游，到上游浅水区产卵繁殖。

虽然目前捕捞到的大红鱼最长的也就2米多，但是在喀纳斯湖中却有着几十条长达10米以上的大红鱼，这样的大红鱼可以被称为"鱼怪"或者"鱼圣"，它是图瓦人口中的保护神，是众多游客心中的水怪，是世界最大的淡水鱼，是喀纳斯湖中的一霸，是精灵，是国宝。

既然它有着如此重要的地位和作用，我们应该大力保护它。首先保护好大红鱼的生存环境。袁国映出版的《喀纳斯湖怪之谜》一书中，刘东生院士在上面作序时写道："生态环境和自然环境的保护至关重要，希望喀纳斯湖里的巨型红鱼，不要像野生普氏野马和新疆虎一样，在自然界令人遗憾地消失！"喀纳斯湖目前可以说是地球上尚未被开发的地方之一，它的存在证明，过去人类生存环境有多么美好，春夏时，山花烂漫，芳草萋萋；秋冬时，水色碧玉，银装素裹，在四季轮回中，喀纳斯湖始终如一幅美丽的山水画。

然而随着喀纳斯湖的过度开发，旅游业的发展已经打扰了喀纳斯湖的宁静，对湖中鱼类也造成了影响。经常会看到有帆船、快艇在湖面上随处穿梭，使得大红鱼不敢再像以往那样浮出水面，这也是近些年来，人们看到水怪次数减少的原因之一。船只造成的油污染、噪音污染等，对大红鱼的生长带来有害影响。据传，生态区的工作人员曾经在下流区域发现了3—5米长的巨型红鱼，据工作人员推测，很有可能是红鱼发现湖中已经不安全，因而往下流方向迁徙。

喀纳斯湖自然保护区在1986年就被列为"国家级自然保护区",2005年10月,喀纳斯入选中国最美五大湖之一,同时喀纳斯湖畔图瓦村入选中国最美六大古镇古村之一;但是在列为保护区以及获得更多名誉同时,前来喀纳斯湖的游客也愈来愈多。保护喀纳斯湖的自然风景以及湖中的生物已是当务之急,而湖中的水怪——精灵大红鱼更是首当其冲。近几年为了保护大红鱼,保护区已经下令禁止在湖中捕捞鱼类。

为了让水中生物获得更好的生存环境,很多生物学家根据保护区的情况提出了很多建议,如将快艇从湖中撤出,改用电动游艇,这样就能减少油污染,而且在湖中行驶的游艇速度要慢,尽量减少噪音污染,减轻对湖中生物的影响;严格禁止任何船只驶入湖区下游,以便给湖中鱼类保留一片安静的区域,限制船只的活动范围;严格执行保护区管理条例,同时也要对周边的建筑进行严格管理,该下撤的下撤;禁止飞机在喀纳斯湖上空以及周边飞过等,这些措施有些已经在执行,而且取得了不错的效果。

2004年,中央电视台播放了有关"喀纳斯湖水怪"的节目,还邀请了专家进行讨论,袁国映也是嘉宾之一,他在节目中说:"宇宙是浩瀚无穷的,科技也是,我们目前所掌握的科技水平仍然是很有限的,因此我们不能用现有的科学去解释一些未知的事件,更不能因此否认未知事件。"

宇宙浩瀚无边,我们所居的地球只不过是宇宙中千亿颗星球中的一颗,茫茫宇宙中必然存在许多未解之谜,存在很多人类不能理解的现象,不要因为觉着这不科学,就彻底否认,要知道,人类所掌握的科学是有限度的,不能解释所有的事物,因而对于袁国映的说法,很多人表示赞同。

比如对于喀纳斯湖水怪,人们仍有很多不能理解之处,或者不能用现有科学解释的地方。湖中的大红鱼最长的究竟有多长,它们的生态习性如何？它们是如何长这么长的，是因为变异还是其他？喀纳斯湖中还有没有其他未知的生物？等等，未解谜团仍有很多，等待着人们进一步探索。

有多半游客前来喀纳斯湖是因为大红鱼，他们希望能够看到长达10米的大鱼，因而大红鱼也成为喀纳斯湖吸引游客的王牌。当然从另一方面来说，大红鱼无疑是具有不可估量的经济价值，是珍贵的国宝。我们应该像爱护人类自己一样，爱护大红鱼。

第三章
身形飘忽的天池水怪

清晨的长白山天池宛如一面镜子,突然间池面泛起阵阵涟漪,一个不明生物小心翼翼将头探了出来,其游走的速度却是非常快……《长白山江岗志略》中记述:"自天池中有一怪物浮出水面,金黄色,头大如盆,方顶有角,长项多须,猎人以为是龙。"关于天池的传说很多,自古以来,这里就是神秘之地,隐藏着众多谜团,很多人声称在天池看到过水怪……

天池迷雾

天池传说是西王母居住的地方，原名叫"瑶池"。

世间女子都爱美，西王母也不例外。她希望自己每天都打扮得漂漂亮亮的，于是她轻手一挥，天山下就出现了三个天池，三个天池各有用处，洗澡、洗脸、洗脚。洗澡的天池面积最大，位居中间，其东侧是洗脸用的小天池，西侧是洗脚用的小天池。天池中的水都是天山上冰雪融化而形成的，冰清玉洁，水如玉汁，清澈见底，凉爽透肤。

西王母在西小天池修建了一座石门，门窄仅10余米，平时西王母就派小白龙去看守，因为在天池中有个水怪，西王母不得不防。何况天池周围还有许多居民居住，这些居民大都是以打猎为生。长白山野生生物非常多。

有天，西王母召开蟠桃大会，没有邀请水怪，水怪很生气，这水怪法力高强，经常兴风作浪，让天池之水暴涨溢出，淹没天池周边的居民，百姓无家可归，流离失所。水怪早就听说蟠桃的妙处，小桃树3千年一熟，普通人吃了便能成仙得道；普通桃树6千年一熟，普通人吃了就能长生不老；9千年一熟的桃树最好，吃了能够与天地日月同寿。水怪越想越生气，一怒之下，在天池掀起滔天骇浪，洪水四溢。正在主持蟠桃会的西王母听闻后，不由得大怒，拔下头上的宝簪投向天池，宝簪落在天池上变化为一棵大树，镇住了四溢的池水，也将水怪镇住了。如今这棵大树还郁郁葱葱地竖立在湖边。

随着时代的变迁，西王母的神化故事已经渐渐被人们遗忘，取而代之的是各种水怪传闻。长白山天池是松花江之源，海拔很高，但是其中却有多处温泉，形成了几条温泉带，在隆冬时节，大雪封山滴水成冰时，这里却热气腾腾，冰消雪融，远望，就像是天池大雾弥漫。天池天气瞬息万变，经常处在云雾弥漫中，时有暴雨冰雹，所以天池就像是隐藏在一团迷雾中，时隐时现，形成了"水光潋滟晴方好，山色空濛雨亦奇"的绝妙景象。

长白山天池景色宜人，又是中国最深的湖泊，最大的火山口湖，然而长白山天池之所以名声大噪，却是因为在这里发现了水怪的身影。在1962年，有游客前来长白山游玩，他用望远镜观望池面时，惊讶地发现池中有两个水怪正在相互追逐、玩耍，下山后，游客将所见讲给他人听，长白山天池有水怪的传闻便传播开来，天池因此闻名遐迩。

其实在书籍中早就有关于天池水怪的记载，如《长白山江岗志略》曾记载，在1903年5月，天气晴朗，能见度很高，徐复顺、王让和俞福等6人便决定到长白山去打猎，长白山平时隐藏在浓雾中，而眼下却浓雾散去不少，6人在山下就能看到天池的身影。在天池附近，他们发现了有两只鹿，俞福用猎枪射击，但是没有击中，正在悠闲赏玩的两只鹿被枪声吓了一跳，惊慌而逃。过程中，王让开了一枪，击中了其中一只鹿，但另一只却跳进了天池中，不见踪影。

6人见有一只鹿中枪，很是高兴，便上前捡取猎物，这时，天池中突然浓雾滚滚，快速地向四周扩散，众人对眼前异常的景象很惊讶。雾越来越浓，很快便伸手不见五指，他们只能听到对方讲话声，却看不到对方的身影。

有人建议，雾这么浓，看不清路，下山的路又很难走，不如等雾散开后再下山。等了很久雾气也没有散去，反而越来越浓。六人很害怕，于是跪下来祈祷，希望雾气能够早点散去。然而没有用，雾气还是非常浓郁。半夜时分，寒风凛冽，再加上雾气潮湿，他们冻得直打哆嗦。

不久后，天空突然下起了小雨，很快他们的衣服都被淋湿了，再加上寒风，每个人都咬着牙打哆嗦，有的人则蹦蹦跳跳增加运动以此来获取热量。俞福建议吃点鹿肉来补充体力。这个建议得到大家的认同，于是动手割鹿肉，但是却没有人吃得下。

这时，天池中突然好像落下了一个火球，火球像是巨大的孔明灯，从空中慢慢降落，他们看见水面被火球照得很亮，能够看见池面的涟漪，不久后，火球轰的一声落入池中。波涛汹涌，浪花翻滚。六人吓得颤颤发抖，惊恐异常，待在原地不敢动弹。

片刻后，池面逐渐变得平静，六人望去，池中有座高耸的亭台，亭台中传来歌声和乐器声。不久后，池中一座宫殿正冉冉升起，灯火通明，装饰得很古雅，很有古风，宫殿内有许多人来来往往，不论男女，身高都非常高，目测在两米以上。

六人被眼前的景象所吸引，目不转睛打量着，突然池中冒出一个水怪来，如牛般的躯体，咆哮声很大，震耳欲聋，快速地朝着六人的方向袭来。俞福离岸边最近，水怪首先扑向他，他吓得赶紧取枪射击，枪支遭受雨淋，无法使用，眼看怪物就要到眼前，这时，徐复急忙掏出手枪，朝水怪射击，水怪腹部中了一枪，怒火上升，咆哮声连连，但又伤痛难忍，只好转身沉入天池中。

《长白山江岗志略》的作者根据这六人描述，这样记载水怪：自天池中有一怪物浮出水面，金黄色，头大如盆，方顶有角，长项多须，猎人以为是龙。就是说天池中有个水怪，呈金黄色，头部像盆那般大，头顶上有角，长长的脖子上有须，猎人以为是传说中的龙。

公元 1910 年，张凤台在《长白汇征录》记载："有猎者四人，至天池钓鳖台，见芝盘峰下自池中有物出水，金黄色，首大如盆，方顶有角，长顶多须，低头摇动如吸水状。众惧，登坡至半，忽闻轰隆一声，回顾不见。均以为龙，故又名龙潭。"这一描写和《长白山江岗志略》很相似，记录得很有可能是同一件事。不过在这两次记载中，水怪的颜色都是金黄色，但在以后很长一段时间内，目击者所见水怪大都是黑色，两者差异很大。

那时由于科技不发达，当地人愚昧迷信，深信龙居于水中，上天入地，无所不能，因而目击者将水怪当作龙是有根源的。不过在以后相当长的时间内，关于水怪的传闻非常少，文字记载更是屈指可数，水怪好像在这段时间失去了踪迹，但是民间却一直流传天池中有水怪。外来游客放眼望去，只看到天池处在层层迷雾中，若隐若现，如梦似幻，如此环境很适合水怪藏匿。

天池海拔很高，自然环境很恶劣，周边虽有 16 座山峰，但大都是光秃秃的，草木难以生长，只有在冬季冰雪覆盖时，才给人一种庄严、肃穆的感觉。由于池中温差太大，适合在此生存的生物很少，也缺少养育大型生物的食物，不过即便如此，人们仍然觉得，在天池那层层迷雾中，正有一个水怪睁着圆目，在云雾中悄悄俯瞰着人间。

层出不穷的目击者

只见天池上空的白云时而变成一团棉絮，时而化作长长的绸缎，围绕着山峰运转，然后又飘然远去。有时云雾弥漫，整个天池如同仙境般；有时能看到最高峰的峰尖；有时一眼望去，天池像是块巨大的棉花糖，云雾缭绕，要是运气好，恰好遇到云雾散开之时，天池逐渐展现在眼前，站在山峰上，会看到脚下银涛翻滚，清澈冰冷的湖水映入眼帘……

这是大多数游客眼中的天池风光，百年来，关于天池水怪的传闻纷至沓来，但这些传闻仿佛隔着一层面纱，撩人，却不清晰，扑朔迷离，真假难辨。从地方志到如今的新闻报纸，都可以随时找到关于天池水怪的消息，据不完全统计，声称见到水怪的人数已达数千，人数众多，再加上描述的煞有其事，因而很多人都认为天池水怪是存在的。

1962年8月，周凤瀛声称自己发现了水怪，而且是两个水怪。周凤瀛当时任职于吉林省气象器材供应站，他当时正用望远镜观望天池东北角的水面，突然发现池面有两个不知名生物的头，周凤瀛想到了传说中的水怪，他很兴奋，细致的观察，两个水怪并不是并排在一起，而是彼此相隔，相距二三百米，时而潜入池底，时而浮出池面，看起来像是在嬉戏玩耍。不过水怪的颜色并不是金黄色，而是黑褐色，而且水怪的头部并没有书籍中记载的"方顶有角，长顶多须"，水怪头部并不大，如狗头般，水怪身躯也不像传闻中的那般大。水怪在池中嬉闹一个多小时后，潜入池中。池面只余阵阵涟漪，片刻后湖面平静如镜。

1976年8月，一群来自北京的游客登上了天文峰，居高临下，整个天池都揽入眼底，碧蓝幽深，阳光照耀，就像镜子般反光，耀眼，又能看到微风拂过湖面涟漪一层层荡漾开来。突然，人群中有个姑娘仿佛受了惊吓似的，惊声尖叫："你们看，水怪，水怪……"众人望向池中，只见一个高约2米的水怪，身躯如牛般大小，水怪并没有在池中游耍，而是卧在天池边的怪石边，一双眼睛好奇地打量着四周。很快，水怪出现的消息在人群中流传开来，很多人都朝着相同的方向望去，然而水怪却站了起来，扑通一声，跃入水中，平静的池面涌起阵阵浪花，隐约还能看到水怪的身影，片刻后，身影也消失得无影无踪，仿佛水怪从来没有出现过。

此次水怪现身，目击者众多，在对水怪的描述上，大多数都是用牛来形容，由此可见，此次目击事件可信度是非常高的。这次目击事件传出后引起了轩然大波，天池也因水怪而再次名扬天下。

1980年8月21日，作家雷加为了寻找创作灵感，和几个同伴来到长白山体验生活。这天，他们一行人登上天池山，前来欣赏传说中的天池。他们的运气很好，刚到天池就发现天池中有个喇叭状的划水线，这种划水线不常见，通常是因为池中有某种巨型生物在游动而形成的。几人靠近池边，只见未知生物靠前的部位露出了巨大的黑色的肌肤，因为不知道是什么部位，雷加猜测可能是头部。过了会，又看到了梭状形体，看起来很像是背部。这就是传说中的水怪吗？雷加觉着水怪有些过于寻常，或者是他没有看清水怪的全部面貌吧。

第二天，雷加再次来到天池，又幸运地看到了天池中有水怪在游动，水怪的身躯很庞大，看起来很像是牛。已经有相当多的人用牛来形容所见到的水怪了。不久后，有报纸刊登了目击者见到水怪事件，报纸中并未明确说明目击者是谁，但是从内容来看，很有可能就是雷加。

天池的生态环境很恶劣，食物匮乏，如何能够养出像牛那般大的水怪呢？水怪又是以什么为食呢？在看到报道后，很多人头脑中浮现的就是这几个问题。虽然有些怀疑，但还是蛮期待的，毕竟世界之大，有水怪存在也不见得是件坏事。

不久后，天池气象站的工作人员朴龙植、崔兴恩也声称看到了水怪。当天，他们正在池边观赏风景，水怪突然从池中冒出来，头浮在池面上，向岸边游来，身后有长长的人字形划水线，水怪头部露出池面，还能看到一部分颈部。水怪头部向上仰，就像是枕在水面上，可以看到颔下皮肤呈灰白色。

两人正观望着，池中又出现了一只水怪。水怪头部和人的头部差不多大小，眼睛圆睁，如圣女果般大小，嘴巴向前凸，很难看。其脖子细长，胸前有白色花纹，身躯如牛般大小，水怪的整个形象看起来怪怪的，但又给人一种如宠物般的感觉。水怪在池面遨游了一会，便折回，折回时划水半径很大，水花向一边飞溅。

其他气象局工作人员也发现了水怪的存在，他们在下山的过程中，距离天池大概30米时，突然看到天池中有5只水怪，水怪昂着头，在水中游玩，头很大，形体看起来像狗，呈黑褐色，不过腹部看起来呈灰白色。工作人员有些惊慌，因为双方的距离很近，担忧水怪会做出伤人的行为，于是有人掏出枪射击，不过没有击中水怪。在听闻枪声后，水怪快速地潜入水中，销声匿迹。

天池水怪能见到一只已是非常侥幸，何以为出现5只呢？但工作人员距离水怪如此近距离，而且描述得也很详细，看起来不像是作假。为了调查情况，时任吉林省旅游局局长的凌雨三带领着几个人前来考察。

他们邀请那些目击者召开了一个座谈会。在会上，目击者讲述了目击水怪的过程，众人议论纷纷，会议气氛很活跃。对于为何会出现这么多水怪，有工作人员认为，可能跟天气有关，最近长白山气温很高，水压很低，水怪在池内也许是因为缺氧或者感觉憋闷，因而浮出水面呼吸透透气。有工作人员在池边发现了一些奇怪的脚印，很像是水怪留下的。

座谈会讨论得很热闹，不过这次座谈会没有弄清事情的缘由，反而使水怪事件变得更加扑朔迷离。水怪在短时间内多次出现的消息传出后，吸引着科学家、记者、游客、生物学家等纷纷前来，这些人在池边搭起了帐篷，架起了摄像机，静静地观测着湖面，期待能够拍一张水怪的照片。

长白山海拔很高，天气又冷，有些人被冻坏了手脚，甚至有些产生了高原反应，但是这些人的意志很坚定，驻守在天池边日夜观测，期待能够解开天池水怪之谜。

1981年，时任《新观察》杂志社记者的李晓斌，在听说长白山水怪的消息后，便乘车从北京赶到长白山。每天，李晓斌都在天池边观测，同时询问其他游客关于水怪的消息。就这样过去了10多天，李晓斌仍没有看到水怪的身影，难免有些灰心丧气。有天，他吃过午饭后，在池边架好三脚架放好相机，然后观望池面，突然有只乌鸦出现在镜头里，李晓斌的目光被乌鸦吸引，他调整相机跟随着乌鸦，很快，他发现乌鸦经过的池面下有个黑点在移动，出于职业的敏感，李晓斌果断将此画面拍摄下来。

从照片来看，乌鸦在池面上飞翔，池底中有个生物跟随着乌鸦飞行的方向，可以看出生物的脊背和后脑。这张照片后来在《新观察》上发表，引起了很大的轰动，虽然天池水怪的传闻由来已久，但是都缺乏照片，而李晓斌拍摄的这张照片可以说是第一张关于天池水怪的照片，人们争相阅览。

1981年6月17日，李长友正在陪同5位前来长白山游玩的战友游览观光，5人很久未见，这次会见也格外不容易，因而有人提议以天池为背景，拍张照片留念。拍照过程中，突然有人喊道："你们快看，池中好像有个白色的东西。"李长友循声望去，池面上确实出现一个在游动的白色物体。李长友通过望远镜观察到，这可能是水怪。水怪长约2米，头部不大，前额和头顶都是白色的，不过其余部分都是淡黄色，水怪懒洋洋地浮在水面上，身体细长，像条带鱼。

1986年8月5早晨6点35分，水怪再次出现了，最先发现水怪的是冯文，冯文是吉林省延边朝鲜族自治州旅游局局长。冯文当时正在天文峰山顶查看池面，发现池面上有生物浮在池面上，其头部、颈部抬起，呈褐色，头部离水面大约1米。不久后，水怪潜入水中，大约10分钟后，再次浮出水面，然后在池中游动，速度很快。水怪的这两次现身持续时间约一个小时，当时目击者众多，遗憾的是没有人拍摄到水怪的照片。

1994年7月24日，吉林大学的周介文教授领着一队人前来长白山休假。天气晴朗，笼罩在长白山的雾气消散，因而能见度很高，周介文等人登上不远处的山顶，整个天池收入眼底。下午3点，有人惊呼，池中出现了一个巨大的生物。众人急忙望向天池，水平如镜的天池中出现了一个黑点，并且黑点正在缓慢地移动。周介文拿出早已准备好的相机观察，发现水怪头部呈黑褐色，但是其肚皮却是白色的，身后有个人字形的水纹。周介文用相机拍摄了许多照片。

水怪在池中活动了大约半小时,一开始,它在池中自由自在地游玩,慢吞吞地向岸边游来,等靠近岸边时,却突然转身折回,游回池中心,速度非常快。周介文将这个过程拍摄了下来,从照片来看,水怪的速度确实非常快,因为人字形的水纹几乎变成了一条直线。游到池中心后,水怪便潜入了池中,如同鬼魅般消失不见。

周介文推断,怪物应该是水生生物,因为如果是陆生动物的话,在遇到危险或者惊吓后,应该本能的往陆上跑,而不是潜入水里,何况陆生动物也不可能有那么快的游水速度。有人说水怪会不会是浮石呢?周介文否认,浮石怎么会转弯呢,浮石游动是受水势的影响,随着水流漂流,在这过程中不可能定向游动或者转弯,而且浮石的速度不可能达到这么快。另外,周介文还否定了其他说法,如光线折射说、船只说、漂浮物说。

能够遇到水怪无疑是幸运的,更幸运的是,周介文还拍了许多张水怪照片,这些照片成为日后研究水怪的重要资料。虽然这些照片拍摄的只是水怪露出水面的部分,但是仍不可否认其价值。

1995年8月,水怪再次出现在天池,这次出现的时间很短,但是却引起了很大轰动。当时在天池的游客非常多,水怪出现的瞬间,游客惊呼声四起,也许是受到惊吓,水怪浮出水面露了下面便很快消失了。吉林电视台报道了这件事情。

不久后,又有人声称3次发现水怪浮出水面。自那以后,目击者仿佛雨后春笋般越来越多,水怪露面的次数也越来越多。

不过在这些目击者的描述中,水怪一会变成了头顶有角、长项多须的龙形动物;一会变成了体型像牛,嘴巴像鸭,整体来看像熊的生物;一会儿又变成通体发黑、脖子细长如同海蛇般的生物；一会变成体积不大，但是狭长的如同带鱼的生物；就形状来说，像龙、像熊、像带鱼、像牛、像海蛇等，目击者各抒己见，很难统一。所以人们也越来越迷糊，池中的水怪到底是何物，难道说池中不止一种水怪吗？

长白山自然保护区管理局根据目击者的描述，制作出了两种水怪塑像，一只外表像龙，金黄色，有龙角、有龙鳞，有长爪；一只外表像牛，嘴巴像鸭，看起来很笨重，不像是能够躲藏这么久的生物；同时管理局还创办了天池水怪展览室，将各种照片、资料、视频等公布，供水怪迷们观看。

在很久很久以前，人们就认为天池是个火山口湖，海拔高，水温变化大，再加上湖中食物匮乏，不可能有大型生物出现。事实上，天池里中型生物也是非常少的，却常有目击者声称发现水怪，而且从描述来看，水怪明显属于大型生物，这让人们非常不解。

直到今日，水怪的谜团还没有解开，反而随着目击者的增多，水怪之谜变得更加扑朔难解。

镜头里的水怪

声称见到水怪的目击者很多,就连很多报纸上也刊登了关于水怪的新闻,如1980年10月9号,《光明日报》就刊发了一篇名为"天池怪兽目击记"的报道,一时间人们争相购买报纸,一度出现了洛阳纸贵的现象。文章是这样描述水怪的:外形很像牛,头如盆那般大,游动速度非常快,而且背后还有个喇叭形划水线。但是人们第一次录制水怪视频,却是在2005年7月。

2005年7月7日一早,郑长春背着新买的摄像机出门了,目的地是长白山天池。郑长春家住吉林省抚松县,为了能够早点赶到天池,所以一家人一早就出发了。等到天池时,已经接近10点。郑长春购买摄像机是为了出去旅游时拍摄游玩视频,没想到,这竟然助他成了一个新闻人物。

天池经常浓雾弥漫,久不散开。郑长春到达天池时,正处在一片迷雾中,能见度很低。当时天气还有些炎热,身处浓雾中,会感觉到雾水浸透肌骨,很是凉爽。长白山海拔高,再加上周围都是高峰,雾气很难散去,有时游客上山,接连几天都是雾霭,难得看见天池风景。

在山上等了10多分钟,浓雾开始散去,郑长春很高兴,拿出新买的摄像机给家人拍摄,家人都很高兴,但是当郑长春将镜头转向天池水面时，突然惊呆了。

池面上原本如镜般平静，空无一物，只剩下反射光线的深蓝池水，然而就在一恍惚间，池面突然出现一个庞然大物，浪花翻滚，等浪花消失后，郑长春看到池面上有个小黑点。这就是传说中的天池水怪吗？郑长春心想。于是，他对家人说："你们快看，池中有个怪物，是不是水怪呢？"

天池水怪早在20多年前就已名闻天下，郑长春的居住地抚松县，就在长白山上，因而关于水怪的传闻他没少听说，他对水怪也是非常感兴趣，这次来长白山游玩，心中也是抱着目睹水怪真实面目的想法。其实不只是他，每个前来长白山游玩的游客都希望能够目睹水怪的身影。

他想起不久前，曾有目击者说，水怪很像是海蛇，脖子细长，长约1米，尾巴也差不多这个长度。虽然后来有科学家证明所谓的尼斯湖水怪只是长达10米的鳗鱼，但对于这个结论，仍然有科学家反对，但不可否认的是，蛇颈龙因为尼斯湖水怪而再次名扬天下。

眼前的天池水怪会不会跟蛇颈龙有联系呢？是蛇颈龙的后裔吗？或者是某种远古生物的后裔？想到这，郑长春感觉身体里充满了力量，于是他将镜头往前推了推，但是他买的摄像机分辨率很低，拍出来的仍然模糊不堪。仅从拍摄的视频来看，很难判断池中的生物究竟是不是水怪，视频上较为清晰地是一大圈巨大的水波纹。

科学家曾做过实验，当物体在水中前后运动时，就会出现喇叭状水纹；当物体在水中不动或者偶尔露出水面，就会出现圆形水纹，不过这种水纹很快便会消失；当物体在上下运动时，并且持续不停止时，才会出现圆形的水纹，且能持久。而郑长春拍摄到的水纹，很明显属于后者。也就是说生物正在做上下运动，但是从外形来看，又很像一个木头桩子。木头桩子在特定条件是可以上下运动的。不过由于长白山海拔高，四周草木不生，哪来的树木呢？

郑长春想了很多说法，但最后还是一一否定，他认为自己拍摄到的就是水怪，而且通过摄像头，他还看到该生物头部呈黑褐色，脖颈处则发白、脖子细长，因此，郑长春一下子就想到了蛇颈龙。自己拍到的究竟是不是蛇颈龙的后裔呢？

答案是否定的。

魏海泉在国家地震局地质研究所任职，根据他的说法，天池存在的时间不超过一千年。一千年前，这里还是个火山，直到火山爆发之前，天池是不存在的，当时天池从外表看起来就像是丘陵。而蛇颈龙是生活在6500万年之前的，所以说天池水怪只能新生物，至少其存在时间不超过一千年，甚至三四百年前出现都有可能。

长白山火山最早的一次大规模喷发出现在一千年前，后来又有过几次不同程度的喷发，因而在天池山中不可能存在史前生物，何况火山爆发的危害力是巨大的，要是存在史前生物，恐怕在火山爆发中难以生存下来。

那么，郑长春所拍摄到的生物是什么呢？人们议论纷纷，没有答案。

2005年7月21日，黄祥童声称见到了水怪。黄祥童是长白山保护局科研所的工作人员，从他拍摄的照片来看，水怪很像是正在起飞的某种鸟类，难以将它跟传闻中的水怪联系起来。

黄祥童说，当天他正在天池北岸补天石的高岗上，用望远镜观看天池，首先映入眼帘的是黑色不明物体浮在水面上，很像是帆船或者游艇，但是它在不断地往上浮起，可以清晰地看到有水流从它身上流下。然后看到的是背鳍，就像是普通鱼类的背鳍，身体呈流线型，胸部有个白色的条纹。黄祥童先想到的这是一条鱼。

然而天池一年时间里有8个月时间被冰雪覆盖，即使在夏季，水温也只有11摄氏度左右，很少有生物能够适应这种环境，因而天池鱼类少之又少，有关部门曾经调查过天池的鱼类，结果发现天池中并不存在脊椎动物。但根据吉林省长白山保护区管委副主任丁之慧的说法，天池中本来没有鱼，后来放养了一些，结果存活下来的只有花羔红点鲑，这也是天池中目前发现的唯一的鱼种，其属于冷水鱼，因而能够在天池中生存下来。

那么黄祥童发现的是不是花羔红点鲑？黄祥童称他所看到的生物头部距离水面有两三米高，何况生物还长着一对长达一米左右的大鳍，从这些特征来看，很明显不是花羔红点鲑。一般来说，鱼在水中直立是非常困难的，而眼前的生物则直立在水中，不仅如此，它还将两个前肢放在水面上，就好像水面是固体的，这得益于它的鳍非常有力。

其头部距离水面就有两三米，由此可以想象，该生物应该有着惊人的长度。如果真的有鱼类能长成这个长度，那么称它为"鱼怪"也不足为奇了。

但是目前已知捕捞到最长的淡水鱼也不过是3.3米，而且这些鱼都生活在环境适宜、食物丰沛的湖泊中，而这两个条件天池都不满足。气候寒冷，食物匮乏，即使能够生活在其中的花羔红点鲑，其生长过程也是非常缓慢的，何况正常的花羔红点鲑体长仅有半米左右。

除非发生变异，否则花羔红点鲑的体长是无法长成三四米长的，而即使产生变异，天池也无法提供充足的食物。

2005年7月，摄影员孙福新也在补天石的高岗拍到一张有关水怪的照片。从照片来看,很像是从池中浮起来呼吸氧气的鲸鱼。鲸鱼虽然称为"鱼",但它并不属于鱼类,而属于哺乳动物。鲸鱼的体积非常大,浮起来就像小岛屿似的。之所以将鲸鱼归纳为哺乳动物,是因为鲸鱼用肺呼吸,而鱼类则是用鳃呼吸。鲸鱼每隔一段时间就要浮出水面来呼吸氧气。难道说池中的水怪是鲸鱼?

距离长白山不远的地方就是海洋,会不会天池底部存在一条通向海洋的通道呢?如果真是那样的话,鲸鱼就可以通过通道游到天池,或者是其他不明的海洋生物进入天池。不过对于这种说法,魏海泉持否定意见。他认为,即使存在通道,火山爆发时大量的岩浆从地底涌现出来,大量的碎屑物必然会将通道阻住,也就是说即使天池在最初有一个通向海洋的通道,而在火山爆发后,这个通道会被封住。如今的天池下面属于封闭状态。

不是鲸鱼或者海洋生物,那么天池中生活的巨型生物究竟是什么呢?

天池水怪为何接连频繁露出水面呢,是巧合还是暗藏玄机?

镜头里的水怪真的存在吗,这个谜底是否真能大白于天下?

从目前来说,现有的证据尚不足以解开水怪之谜,何况越是对水怪有所了解,水怪之谜就更加扑朔迷离,因而要想解开水怪之谜,恐怕还得再等些时日。

天池水怪又出现了

火山喷发说否定了水怪是来自海洋的生物，也否定了是史前生物的可能，那么水怪究竟是什么？是大鱼吗，还是其他不为人知的生物？许多人抱着这个怀疑，前来天池游玩，不断地有人拍到奇怪的影像。

2003年7月，巍峨壮美的天池山迎来一个好日子，被评为"中国十大名山"，当天，长白山自然保护区北坡山门前锣鼓喧天，彩旗飞扬，游客和嘉宾共同参与这次盛会。长白山天池是世界上最大、最深的火山口湖，也是中国最高、最大、最冷的高山湖泊，长白山被评为十大名山，可谓是实至名归。

7月11日，便有天池水怪露面的消息传来。水怪好像得知长白山被封为十大名山，都前来祝贺了，这次出现了20多只水怪，而且出现时间近一小时。水怪通常在夏季偶然出现，一次出现一两只，数量这么多，时间如此久，在近百年来还是第一次。

这天风和日丽，天空如同蓝宝石般熠熠生辉，山石树木倒影清晰如画，张鲁风、丁之慧正在陪同甘肃省林业部门的客人游览天池。丁之慧是长白山自然保护区管理局局长，张鲁风是吉林省林业厅副厅长，可以说两人是在"尽地主之谊"。他们来到了长白山北坡，举目张望，突然发现天池有些不平静。

有两只水怪在池面上游玩，不久后便潜入水中，过会儿又有一只水怪冒出头来。根据张鲁风的说法，在接近一小时的时间内，水怪出现了5次，最多的一次有20多只。张鲁风曾多次来到长白山，对天池水怪也早有耳闻，这还是他第一次亲眼看到水怪。不过由于距离有点远，即使借助望远镜的帮助，所看到的只是一个个小黑点，但是从池面的水纹来看，这些黑点都是在移动的，这也是张鲁风认为黑点是水怪的原因之一。

丁之慧也曾多次上长白山，不过这是他第一次看到水怪，来自甘肃的客人也是第一次看到。20多只水怪出现的消息一传出，人们议论纷纷，愈炒愈烈。不久便有目击者前来新文化报社，目击者名叫张显明，是长春人。事发当天，他和亲人也看到了20多只水怪。不过他认为所看到的并不是水怪，而是由于光的折射等造成的视觉误差。

据他说，当天他和妻子张玉杰、亲戚郭有安、郭晓嫣等人在天池山附近游玩，郭有安居高临下站在一座山梁上，突然他手指着天池，喊了一声："快看，天池好像有东西。"张显明等人往天池方向望去，看到天池池面上有几个黑点，张显明拿出望远镜观看，可以看出有3个黑点，但看得不是很真切。大约过了半小时，3个黑点变成了6个，黑点在变化时，可以看到其周围泛起层层涟漪。

张显明告诉记者，这6个黑点不可能是水怪，可能是某种鱼类，因为当时天池水温高，气压低，而天池水底本来氧气就少，这样的天气含氧量更少，所以鱼儿浮出水面透透气。张显明有10多年的钓鱼经验，在钓鱼过程中，他经常看到有鱼儿浮出水面透气。

10多分钟后，6个黑点在视野中消失。池面上突然又出现了一只体型较大的飞蛾，飞蛾的状态有些狼狈，几只鸟儿正在追赶它，它被迫落在水面上。张显明通过望远镜观察到，飞蛾的两只翅膀不停地拍打水面，水面泛起阵阵涟漪，水波很大，几乎蔓延到天池岸边。张显明突然醒悟过来，以往目击者所看到的水纹是否就是这样形成的，即类似飞蛾扑打水面形成的。如果这个说法成立的话，那么也太惊世骇俗了。

张显明认为所谓的水怪很可能就是鱼和飞蛾。不过这种说法遭到了很多人的反对，尤其是那些自称见到水怪的目击者。一时间，有关天池水怪是不是鱼和飞蛾成为热门话题。

同年7月，几位吉林电视台的记者也声称发现了水怪，其中有位记者名叫李北川，他说："第一眼看到水怪，感觉很庞大，如果是鱼，应该属于巨型鱼，但是说不清那是什么，但是可以肯定的是，它非常大。"

其实生物学家对于天池能否提供巨型生物的生存环境，一直争论不休。有的认为可以，有的认为不能，如东北师范大学鸟类学家高玮就认为天池中不可能存在巨型生物，理由是天池中缺乏充足的食物。他曾经乘坐橡皮艇调查天池，结果发现天池中只有些水藻类的食物，没有可供巨型生物生存的食物。没有食物，生物如何生存下去呢？

任何生物要想生存，食物是必需品，而且生物的体积越大，所消耗的食物就越多，一个巨型生物要想生存下去，仅靠藻类食物很明显是不够的。这样一来，水怪之说明显站不住脚，然而事实真是这样吗？

如若如此，天池中不断出现的疑似"水怪"的身影是什么呢？

2011年7月，媒体接到有人爆料说拍到了关于水怪的照片。记者来到爆料人家中，看到了水怪的照片。爆料人是长春市民柳先生，照片是6月25日他和妻子在天池游玩时拍到的。照片上显示的是：在天池的北部，池面有个圆头鱼状，皮肤呈橙黄色的生物在池水中浮着，其表皮上有纹理。不过对于照片中不明生物是不是水怪，刘先生也无法确定。他说之所以选择爆料，就是希望能够借助媒体将照片刊登出去，然后让专家鉴定是否是水怪，他个人无法判断照片中的水怪是不是浮石、光折射等造成的。

众所周知，长白山属于火山，自从千年前的大爆发以来，已经爆发过多次，为了确保自然保护区的安全同时研究火山，因而成立了长白山火山监测站。这一次水怪的传闻与监测站工作人员武成智有关。2013年7月27日5时，武成智和同事一起上山，去监测温泉水温，取温泉溢出气体样本。

早上的空气很好，沁人心脾，天池池面很平静，宛若一页平滑的纸，当他们取完样正打算回去时，池面突然泛起一道"V"形水波，顺着水波方向，武成智看到前方好像有黑色的点，黑点正在快速地向前游动。在他身后，水波不断地展开，又不断地消失，他拿出随身携带的相机进行拍摄，但是相机的像素低，拍出的照片很模糊，在他所拍的10几张照片中，只有两张是稍微清晰的：一张疑似"水怪"的头部露出水面；另一张是水怪潜入水底，池面上只有水痕存在。

夏季属于长白山旅游旺季，但是由于时间很早，所以此时天池周边并没有游客，事后也没有听说其他游客在同一时间发现水怪。武成智拍摄的照片又很模糊，即使在电脑上进行放大，也只能看到模糊的轮廓，有张照片的轮廓看起来很像是小鹿。武成智从小就在长白山山脚下长大，对水怪的传闻并不陌生，事实上，他曾经多次目睹水怪的身影。不过这次，他所拍摄的照片由于太模糊，所以无法得出明确的结论。

2013年11月24日下午3时左右，天池里有两只水怪在嬉闹玩耍，此时，游客甚多，见此情况，惊喜万分，有游客将此情景拍摄了下来。从照片来看，水怪长约2米，露出白色脊背，一前一后，相互追逐，身后有着一米多长的水纹。一会儿，水怪便在池中呈环形游动，即一会浮上来，一会沉下去，所在区域掀起很大的浪花，一波一波，浪花持续了约10分钟便渐渐消失了，水怪消失于游客视线里。

丁之慧分析说，长白山生活着500多种野生生物，其中绝大多数都会游泳，会不会是野生生物在天池中戏水，然后被游客当作了水怪。他还举了一个事例，在天池水边曾有野生生物出现，如黑熊，基本上每年都会出现。有次有两只黑熊出现在天池边，因担忧游客安危便将游客驱散，两只熊在池边嬉闹了会才爬回森林中。所以野生生物出现在池边是有可能的，不过他也说，由于池中的温度很低，野生生物一般都不会游到池中央处，只是在岸边嬉闹一番，很快便返回森林了。

水怪可能是野生生物的说法也有些站不住脚。

人类总是为自己的想象力而自豪，但是大自然的神奇要远远超出人类的想象，不过对于种种水怪传说，究竟是人们无穷的想象力创造了它们，还是这些传说启发了我们，当然其中有些传说可能是人类杜撰的，有些是错误的认知，但宇宙之大，无奇不有，也许长白山天池底真的隐藏着一只不为人知的水怪。

众说纷纭

从 20 世纪初,地方志《长白山江岗志略》记载天池水怪开始,到最近几十年来,不断地有天池水怪的传闻出现,据不完全统计,目击者已达数千人。人数众多,说法不一,有的认为水怪是黑熊,有的认为是飞蛾,有的认为是翻车鱼之类的鱼类,有的认为是鲸鱼,有的认为是蛇颈龙的后裔,有的认为是远古生物,有的认为是牛、狗,有的认为是天外来客,还有的则认为是幻觉……争论不休,没有统一答案。

当然,关于水怪的照片、视频等证据也不少,不过这些照片、视频等都拍摄得不是很清楚,很难判断出所拍摄到的是什么。有人认为水怪也许只是当地故意传播出来的,以便于吸引游客。

物理学家认为,水怪是由于光影的视觉误差等造成的假象,就像是早些年曾有人将浮石误认为是水怪。生物学家则是从长白山的生态环境进行考虑的:长白山海拔很高,天池在冬季几乎处在冰冻状态,池内水温非常低,不适合鱼类等生物生存;另外,天池内缺乏食物,无法满足数量众多的大型生物……

有人认为,天池是火山爆发后形成的,最早的一次爆发在千年前,后来在 1597 年、1668 年、1702 年爆发过,最后一次火山爆发距离现在只有

300多年,也就是说这种生物年纪不会超过300年,如果有这种生物存在,那么食物来源也是问题,天池岸边的水草没有啃食的痕迹,池内只有少数冷水鱼和少量微生物,但这些都不能满足大型生物的食物需求。

还有人认为水怪并不存在,人们所看的只是礁石,礁石有时会浮在水面上,有时会沉入水中,因而会被人误认为是水怪。天池水面也有很多浮石,风吹动时浮石会随水流动,看起来就像是有生物在池中游动一样。

天池水怪在国外也很有名气,很多人将它跟尼斯湖水怪联系起来,英国路透社根据照片、视频等,描绘出了天池水怪的构想图,从图上来看,很像是远古生物蛇颈龙。当然这个说法遭到了很多人的反对,但是《走近科学》的一位记者通过调查后发现,水怪是蛇颈龙的可能性虽说是微乎其微,但是也不是不可能,火山口湖的地理环境很特殊,也许有适合在这种环境生存的生物。

大多数目击者都声称,所见到的水怪至少在2米左右,然而天池中仅有一种体长不到1米的冷水鱼存活着,难道说这种鱼在天池中发生了变异,所以体型才会变长吗?不过记者接触到的目击者越多,反而有些迷糊了。有的目击者声称水怪的脖子细长,在1米左右;有的则说水怪头部巨大,能够长时间蛰伏水中,等人靠近时猛然发动攻击;有的则说像龙一样有菱角等,听到这些传闻后,记者本能的想法是天池有水怪,而且水怪不止一只,不过这些描述都有个相同点,那就是水怪体型庞大。难道水怪真是变异后的产物?

在电影中,人们常常看到某种生物受到辐射刺激而产生变异,身躯变得庞大无比,摇动尾巴就能将一座楼击倒,成为人类的大敌。长白山的火山喷发物是否也存在辐射呢?科学界议论纷纷,有科学家支持变异说,他们认为长白山是个火山口，必然会产生辐射，而在天池中生活着某种鱼类受到辐射污染而导致其基因变异，体型变得庞大，成为人们口中的水怪。当然也有人否认这种说法，认为辐射污染对身体的影响是非常巨大的，而且难以消除，天池中某种鱼类受到辐射污染，那么唯一的结局只能是死亡，而不可能产生基因变异，成为块头很大的水怪。

为了给人们一个合理的解释，科学家提出了目击者所拍摄的照片很可能是水獭。目击者看到水怪最多的月份应该是七八月份，那时水獭正好游进天池中，在明年春季时又会离开天池，仅从照片来分析，这个说法是成立的。

除了这些说法还有个说法，即朝鲜专家认为水怪是朝鲜放养的鳟鱼。根据《朝鲜新报》网络版2007年11月14日报道，该报记者在采访金理泰时，对方声称在1960年7月30日曾经参与在天池中放养鳟鱼的工作。按说天池是由火山爆发而形成的，生态环境很恶劣，因此鱼类难以生存，但是朝鲜科研人员在进行研究后，认为天池是可以进行移植鱼类的，于是便进行放养活动，当时放养了9条鳟鱼和16条鲫鱼，在此以后，朝鲜科研人员还进行过多次放养活动。

起初天池中缺少充足的食物，鳟鱼是靠风吹过来的昆虫以及其他少数生物存活着，在这种环境中，鳟鱼逐渐产生变异，基因突变，形成了新的品种，以此来适应环境的变化。当年放养的鳟鱼，其实应该换个名字——"天池鳟鱼"，因为它们已经是个全新的品种了。科研人员发现"天池鳟鱼"的体长相比普通鳟鱼要长很多，他们曾在岸边捕捞过一条天池鳟鱼，发现其体长约85厘米，科研人员相信，在天池深处的鳟鱼体长一定比这个还要长很多，很有可能存在那种"巨无霸"。因此，目击者看到的所谓水怪，很有可能就是"天池鳟鱼"。

如果天池中真的存在某种巨型生物的话，那么要保证种族繁衍下去就必须要有一定的规模，也就是说数量要多，而数量一多，天池只有不到10平方公里的水域肯定是满足不了的，何况天池食物本就匮乏。另外，数量多，地域面积又小，那么人们看到巨型生物的几率应该很高。但事实却是人们很少看见巨型生物的身影。

另外即使有身影存在，也难保不是其他野生生物，科学家曾提到过在天池周围生存着相当多种类的野生生物，而且这些生物大多都会游泳，因而出现在天池里也不是什么奇怪事。

总之，对于天池水怪，仁者见仁，智者见智，在谜底没有揭晓之前，任何一种说法都有可能。

第四章
奥卡诺根湖中的蛇怪

奥卡诺根湖位于加拿大不列颠的哥伦比亚省。奥卡诺根湖名声大噪,是因为湖中有只叫奥古普古的水怪。早先居住在湖边的印第安人就曾留下警言告诫子孙,湖中有圣物,万万不可前往捕鱼。

各种传说

奥卡诺根湖位于加拿大不列颠哥伦比亚省，如果来加拿大旅游，不来奥卡诺根湖就像是来到苏格兰却不去尼斯湖一样令人遗憾。奥卡诺根湖的位置很好找，从温哥华出发，沿着洛矶山脉的方向不到半日便能到达。奥卡诺根湖形成于石器时代。湖泊面积很大，从南往北绵延数百公里。自古以来，这个地区就有不少有关水怪的传说，在加拿大以及北美洲早就传扬开来。

传说奥卡诺根湖名字的由来，跟一个叫老肯海克的人有关，此人在湖泊附近被人杀害，人们为了纪念他，便用他的名字来命名此湖，而那个杀害他的凶手，则被上帝变成一条水蛇，永远栖息在湖中，不得离开，对凶手来说这是一种比刑罚还残酷的折磨，因为这里就是案发现场，看到湖中自己的倒影，再想起以往的罪恶，凶手便觉得自己罪恶深重。然而，水蛇的生命又是非常长寿的，斗转星移，水蛇逐渐长大，成为水怪。

成为水怪后，它性情暴躁，时常会骚扰来湖边的人，有时也会拍打湖面令海水溢出，淹没四周田地，甚至淹没居民区。这时，人们往往会往湖中投入小动物作为食物，以此来让水怪平静情绪。平时，水怪就居住在湖泊的深水岩洞中，偶尔也会浮出水面。当地很多人都见过水蛇。

这个传说让人想起芬兰神话故事中的一段，说有个外表很像青蛙的水怪，人们称它为伏迪亚诺，时常出没于磨坊的水塘。它凶狠异常，常常会伤及池塘边的动物以及人类，磨坊主们很是害怕，于是便将不知情的旅游者扔进水中，喂食它。水怪得到食物，吃饱后便沉在池塘中，可以数月一动不动。磨坊主们常常用这个方法或者准备动物来打发水怪，保护自己的家人以及作坊的安全。

密克马克族人生活在新斯科舍省，在当地也流传着一个跟水蛇有关的传说，除此外，本地还有另外一个较为古老的传说：威斯蒂普拉是位英雄，很受人们爱戴，有天他在湖边救了一位女子，这位女子美丽而神秘，他很喜欢她，于是娶她为妻。不过这位女子是海妇人，是虎鲸的妹妹，因为威斯蒂普拉是她的恩人，而她为了报恩所以能够留在陆地，何况她特别喜欢他这样的英雄，只是她没有告诉对方自己的身份，也没有说如果再次回到湖里，她就会恢复原貌，变回虎鲸游回到湖泊，两人的孩子也会跟随着她回到湖泊的虎鲸家族中。两人相敬如宾，恩爱有加，一过就是许多年。有一次，他们乘船时突然遇到了大风暴，风很大，船只摇晃颠簸得很厉害，海妇人被颠到海里现出原形。威斯蒂普拉失去了挚爱的妻子和孩子，只身一人回到湖边。而海妇人回到湖里后，因为思念丈夫经常会浮出水面，观望丈夫在不在湖边。这个场景被不少人看到，海妇人也被人当作是水怪。

再往西，便是肖尼人生活的区域，这里也有个独特的传说。在很久以前，当地有个伟大英雄，英雄为了族人的安全与湖中一只怪物进行决斗。怪物外表呈半鱼形，凶悍矫勇，力大无穷，英雄一时不敌，这时有位年轻貌美的姑娘参与到战斗中，战场的局势发生了变化，英雄逐渐掌握主动打败了怪物。

在欧洲人还未来到奥卡诺根湖区之前，当地印第安人之间也流传着一个传说。

奥卡诺根湖中生活着一只水怪，水怪居住在湖中被称为"风暴点"的地方，它常常居住在深水岩洞中，风暴点在当地是个禁区，因为只要有动物或者船只游过，就会被类似神秘漩涡的力量吸进湖底，再也无法返回。因而当地人从来不靠近风暴点，即使万不得已非得从风暴点经过，他们事先会祭祀一番，乘船只靠近风暴点，然后将许多动物投入湖中，湖面就会变得平静，等当地人确信湖面平静如水时，才敢从这儿经过。当地人认为风暴点之所以如此，跟湖中的水怪有关。

1860 年某天，约翰·麦克杜格尔很早就起来了，在院子里运动一会。院子就在奥卡纳根湖旁，抬头仰望，可以看到乌黑浓密尚未散开的乌云，不过乌云背后的阳光却俏皮着躲开乌云覆盖范围，将几丝光线沿着乌云的边缘倾洒下来，灰暗的天空也有了些明亮，四周的森林也进入眼帘中，不再是漆黑一片。湖泊很宁静，偶尔有风吹过，泛起层层涟漪。锻炼了一会，他便回到屋中，狼吞虎咽地吃了几口饭，拿出所需物品，他必须要尽快将干草给河对岸的约翰·阿里森家送去，否则阿里森家的马就会饿死。

他将干草打包好放在一匹马上，然后自己骑上另外一匹马，策马奔腾，转眼间就来到了湖边。湖边停着一艘小船，他将两匹马牵上船，缰绳系在船只后面，然后划着小船向对岸的阿里森家出发。

奥卡诺根湖的风景很美，两岸山石、树木倒映水中，上空的乌云还没有散开，又让湖泊显得很神秘，麦克杜格尔慢吞吞地划着桨，小船在湖中慢慢滑过，船两侧有不少浪花翻起，湖泊中鱼的数量好像很多，不知今天能不能看到鱼儿游过呢，麦克杜格尔心想……

就在他陷入沉思时，船只后面的水面突然涌起浪花，小船被冲撞得摇晃不止，就像不倒翁。他很吃惊，回头查看情况，发现浪花翻滚处有个黑乎乎的影子浮出水面，正在朝着小船划过来。船只后面的两匹马也受到了惊吓，奋力挣扎，鸣叫声闻者惊心，不久后，影子靠近了马匹，两匹马相继被拖入湖中，消失不见，湖面泛起无数的水泡，这场景让麦克杜格尔恐惧不已，尤其马儿被拖下水之前，那双眼睛里充满了绝望，就那样望着他。

黑影好像还在继续前进，下一个目标是船只，缰绳被黑影扯得很紧，船只颠簸得更厉害了，仿佛支撑不到一秒就会翻船。麦克杜格尔大惊，急忙拿出小刀割缰绳，眼看影子越来越靠近，他仿佛看到影子正张开血盆大口向他吞来，幸运的是，缰绳终于在这一刻割断了。

麦克杜格尔匆忙抓起船桨疯狂地划起来，船只飞快地向前驶去，他不敢松口气，更不敢回头张望，等到船只靠岸，他奔到岸上向前跑了三四百米时，才敢回头张望，只见湖面平静如镜，空荡荡无一物，根本没有黑影怪物的身影，他轻轻呼出一口气，疲态尽显。

难道我碰到了水怪？似乎只有这一个合理的解释，而且水怪还吃马，船只上系着缰绳，也证明了这点。这个故事很快便在当地流传起来，湖中有水怪会吃马的说法也成了当地人的共识。

欧洲人来此地后，也听说了这个传说，不过他们并不相信这个传说，但之后发生的一系列事情让他们不得不相信，湖中确实生活着某只水怪。

最早发现水怪的是苏珊·阿里森，她是约翰·阿里森的妻子。阿里森一家就生活在湖泊的附近，他们经常划船去湖对面购买一些生活用品。

1872年某天,约翰·阿里森乘船去购物,当所需物品都购买完毕准备乘船返回时,却突然雷电交加,大雨倾盆,约翰无法按时回家。这时正在家中等待他回来的苏珊有些担忧,于是她索性来到湖边张望。

她很担忧丈夫的船遇到风暴而翻船。她沿着湖边边走边张望,突然看见不远处有个黑乎乎的东西浮在湖面上,看起来很像是船只,她心里一紧,急忙跑过去。还未到达,她便惊奇发现,黑乎乎的东西会动,而且速度还很快。苏珊这时才知道这不是丈夫的船只,心中的一块石头放下了。那东西在湖面游动了很久才沉入水中消失不见,苏珊也转身回家。

约翰在雨停后划船回家,苏珊将湖中所见告诉丈夫,丈夫有些怀疑,但还是陪着苏珊将此事告知当地政府,这成为官方记录的最早关于水怪的信息。后来当地有个歌谣在流传:"它老妈是只蠼螋,它老爸是条鲸,它小小的脑袋没尾巴……它的名叫奥古普古。"

从那以后,湖中的水怪就被人们称为奥古普古。

奥古普古

自从苏珊发现水怪以来,人们才将其命名为奥古普古,这样人们在描述水怪时,便有了个统一的名字,而不是像传说中的那样杂乱无章。然而奥古普古自从那次露面以后便一直消失无踪,直到1990年,人们才再次发现了它的踪影。

1900年的一天，年仅10岁的鲁思正在湖边玩耍，她家离这儿很近，虽然听过很多有关水怪的传说，也听说过水怪会伤及人类，但也许是因为年幼，鲁思并不担忧，反而在湖边玩得不亦乐乎。突然间，她听到湖里传来一阵阵水声，鲁思扭头望去，看见奥古普古就浮在水面上，离自己很近，水怪正安静地望着鲁思，不时地歪下脑袋，仿佛在打量思考着眼前的鲁思。鲁思看到其头部离水面1米左右，脖子上有3个小突起，两者对视一会，水怪便潜入水中，消失不见。

鲁思见水怪逃走了，便继续自己在湖边玩耍，不久后，湖面再次响起阵阵水声，鲁思回头发现，水怪又出现了，而且离她更近，仿佛正在一步步靠近她。她突然想起以往听过的传闻，心中有些害怕，便起身往家的方向跑去，等到了家门口，鲁思回过头发现，那只水怪还待在水面上。

父母经常告诉鲁思不要去湖边玩耍，鲁思担忧父母会责怪她，因而不敢将此事告诉父母。不过见到水怪的并不止鲁思一个人，很多居民也发现了水怪，大家议论纷纷，鲁思也把自己的经历告诉了大家。父母听说后，非但没有责怪她，反而更加疼爱她了，不过父母再次严格要求，不准她到湖边玩耍。

水怪的再次现身让人们想起以往的水怪吃马、伤人的传说，人们很恐慌，没人再敢接近湖边。为了避免水怪给人们带来伤害，当地居民组织起了"武装队"，武装队的主要任务就是捕杀水怪，保护人们的安全。于是，在很长一段时间内，奥卡诺根湖边经常看到有人拿着大刀或者长枪往来巡逻。

不列颠哥伦比亚省政府也做出了相应的努力，他们在湖边修建了一座渡口，渡口采用了专门的"抗怪物装置"，这个装置可以阻止水怪冲上岸来，而且政府对装置的抵抗力很有信心，足够抵抗水怪的冲击力。他们在1926年将此事告知百姓。

虽然有关奥古普古的传闻很多，目击者也很多，但是首次拍到奥古普古的纪录片却是在1968年，拍摄者是亚瑟·福尔登。奥卡诺根湖不远处有一条公路，游客站在公路上就能够看到湖内的景色，有不少目击者就是经过公路时发现的水怪。当天，福尔登正开车经过奥卡诺根湖旁的公路，突然发现水面上浮现出一只水怪，他将车停下，拿出放在车里的摄影机和望远镜。下车后，他找了一个合适的角度，当时他距离水怪很近，他很紧张，稳定情绪后他便打开摄影机，拍摄水怪游动的影象。

这部纪录片引起了很大的轰动，而且还在电视台上播出了，从视频中可以看到，有一只巨型生物浮出水面，看起来就像是船只在漂浮水面上。录像播出后引起了轰动，奥古普古成为人们茶余饭后的谈资，纷纷讨论奥古普古究竟是什么生物，体积为何会这样大，它存在奥卡诺根湖多久了等等问题。不久后，奥古普古就成为加拿大最有名气的一只水怪。

从那以后，越来越多的游客前往奥卡诺根湖，水怪的传闻也逐渐多了起来。

克拉克夫人十几岁时在湖中游泳，结果撞上了一个身躯庞大、非常有力的东西。克拉克是她的化名，她不想暴露真名，因而在爆料时选择了化名。据她说，事情发生在1974年7月的某天，那天天气很好，早上8点左右，光线暖和，她打算去湖边游泳。

湖中有个木筏，被游泳爱好者当成跳水平台，她像往常一样朝着木筏游去，等她靠近木筏时，感觉到有什么东西碰到了她的双腿，直觉告诉她，那是种非常庞大的、而且壮实的某种生物。她很吃惊，也很害怕，急忙爬上木筏。

她站在木筏上，湖水很清澈，她看到了刚才碰触到的生物。生物长有一个类似吸盘的东西，体长约3米，露出水面的部分在1.5米左右，生物正在朝着岸边游动，也就是正在朝着与她相反的方向离去，仿佛没有看见她，好像刚才在水中碰触她的不是它。她看到生物的尾巴是水平状的，分为两个部分，很像是鲸鱼的尾巴，很宽。当水怪的盘状东西沉入水中后，尾巴便会拍起来，尾巴扬起大约0.3米的高度，身体呈灰绿色，没有看到脖子，估计是像鱼般没有脖子。

水怪在湖中游了很长一段时间，克拉克夫人观察思考了很久，然而仍不能将眼前的生物进行归类，虽然她心里觉着水怪更倾向于鲸鱼，但是与鲸鱼相比，这只水怪似乎又有点太苗条了。

1976年，艾德·法拉特希尔和女儿迪亚娜在奥卡诺根湖游玩，他们乘坐游艇观赏湖内风光，深蓝色的天空倒映在湖面上，水天一色，壮观美丽，置身其中就像是观赏一幅游动的山水画。突然，前面不远处有个庞大的身躯正浮出水面，船前行的道路被阻挡住了，他紧急将船停住。事后，他回忆说："如果不及时将船停住，那么船只就会直接行使过去撞到水怪，甚至从水怪身上压过去，转弯后，船只从水怪身边绕了过去。"

法拉特希尔将船停在岸边，上岸去取照相机，同时将他的朋友加里·萨拉法特喊来，他们一起驾驶游艇前往湖中心，希望能够见到水怪。他们的运气不错，过了一会儿，水怪再次出现了，而且他们几乎看到了水怪完整的身躯，体长约20米。他们尽量让游艇靠近水怪，以便于拍照。在距离水怪约10米的地方，他拍下了第一张照片，水怪似乎也发现了他们，抬头观望他们，双方对峙了一个小时，然后水怪又潜入到湖中。不久后，水怪再次浮出水面，法拉特希尔驾驶着游艇，跟在水怪后面，水怪再次潜入水中，这样反复浮潜了有10多次，有时水怪在水面盘作一团，即使盘起来体长也有10米。在此期间，他拍摄了5张照片。

据法拉特希尔描述，水怪头部长约60厘米，头上有两个凸出的部位，很像兔子的两个耳朵，头顶部是光滑的。皮肤呈棕色。

在1976—1978年两年的时间内，当地报纸就发表了十多篇有关水怪的报道，报道内容大都是根据目击者所见所闻整理的。如哈里·萨提纳斯就曾提供消息，他住湖岸边，曾一度不相信水怪的存在，有天却突然发现一只水怪，其长约11米，像条海蛇，游动时身体会上下浮动。

在这种氛围的影响下，当地居民几乎都相信有水怪存在，也相信水怪会伤人，见到水怪时，很少有人敢靠近，相反只是远远地观望，如在公路上躲在汽车里观望。

众多目击者中有个独特的人，名叫达里尔·埃利斯。他原本是名癌症患者，但是经过治疗后，他竟然奇迹般地活了下来，后来他成为一名支援癌症研究的志愿者，因为经历过，所以懂得。

2000年8月24日，他正在四处奔波筹集款项，最后他想出了一个办法，那就是举行奥卡诺根湖游泳比赛，埃利斯也亲身参加了这次比赛。在湖中游泳时，突然有两只水怪从湖底浮出水面，就在埃利斯的身下，一前一后，不紧不慢着跟着他。埃利斯很害怕，但又不敢声张，他看到两只水怪大约有6米长，呈暗灰色。中午时，正好有一只船从他身旁经过，他赶紧上了船，再也不敢下水游泳。

不过船上的人向湖中观望时，并没有发现湖中有奥古普古，这些人甚至质疑埃利斯是想放弃筹款。埃利斯辩解无力,只得再次下水,等他下水后,却发现那两只水怪并没有离开,好像一直在那儿等他。埃利斯很害怕,拼命朝前游去。不过其中一只水怪突然游向埃利斯,一双大眼睛望着他,不久后两只水怪便又潜入湖底,消失不见了。

埃利斯的经历有些传奇,以至于相信他的人很少,在2001年9月5日,他又在湖中进行游泳,不过这一次他没有见到水怪。

2011年11月10日,理查德·胡尔斯声称拍到了水怪的照片,他是本地居民,从小就听说过有关奥古普古的故事,因而常常会携带着摄像机,以便哪次经过奥卡诺根湖时,可将水怪立刻拍摄下来。那一天,他去一家酿酒厂造访,结果在途中发现了水怪,就将它拍摄了下来。从视频来看,湖面上好像有很多水纹,很不平静,但是仔细观察的话,能够发现水中有个暗淡的阴影,很像是巨型生物的轮廓,长度在12米左右,从他提供的30秒视频来看,生物是静止的,并没有游动。

对此,他在接受记者采访时说,他不知道水纹下的东西是什么,可能是奥古普古,也可能是其他生物,但是可以肯定的是,在湖中一定存在某种未知的神秘生物。

对于奥古普古的真实相貌,从目击者的描述来说,很接近海蛇。对于其是不是海蛇,就无人得知了。不过曾有科学家驾驶帆船利用先进的考察设备在湖中搜寻水怪,结果无疾而终,甚至有优秀的潜水员潜入湖底,也没有发现水怪的存在。

有人给出了这么一种解释,从目击者的描述来看,大多数人描述得都很模糊,是因为他们没有看到奥古普古的真实面目,而是看到水中的轮廓,而这种轮廓不一定是水怪造成的,还很有可能是湖中的圆木等物体造成的。

奥古普古到底是什么样的一种生物呢？是海蛇吗，还是因为光线的折射作用而形成的视觉欺骗呢？这些还需要进一步的探索，才能得到准确的答案。

谁是真正的奥古普古

随着目击者增多，关于奥古普古的描述也多了起来，这些描述很杂，很乱，不过从中可以看出，有两种说法是最普遍的，很多人认为奥古普古可能是鲸鱼，如龙王鲸或者械齿鲸；还有人说它看起来像蛇。

不过对于鲸鱼的说法，有人提出了异议，因为奥古普古是吃马的，而鲸鱼是不吃马的。于是有人认为，湖中可能有两种或两种以上的水怪，毕竟在同一个湖中，这种情况是可能出现的。

1949年7月2日，有一艘轮船在奥卡诺根湖上航行，船上有很多人，在船只将要靠近岸边时，一条巨大的"龙王鲸"在湖面上游动，双方的距离很近，而且"龙王鲸"好像在进食，所以乘船人能够看到它的尾巴，而且它的尾巴是叉状而且是平的。从描述来看，确实很像龙王鲸。

1959年7月，《维尔农广告家》杂志发表了一篇报告，说是有目击者见到了械齿鲸，目击者中有位是该杂志的编辑，还有一位是他的朋友马汀。当天，他们乘着摩托艇在湖上游玩，突然发现有只头部像蛇的水怪一直在船后跟着他们，为了能看清水怪的模样，他们调转船头，向水怪驶了过去，然而水怪却在双方距离只有 50 多米时，慢慢地潜入湖中。看起来水怪似乎对他们的行为感到生气。

1968 年，谢莉·坎贝尔等人乘坐一艘动力快艇在湖上游玩，发现在不远处有一个 6 米长左右的类似械齿鲸的水怪。水怪浮出水面，正在懒洋洋地晒太阳，由于谢莉过于痴迷观看，不慎跌入湖中，就连远处的水怪似乎也听到了声响，略微抬头朝这边望来，等到动力快艇调转头来救她时，水怪也开始游动了。她看到了几种不同颜色的类似鱼鳞的东西，在阳光照耀下熠熠发光，等它慢慢地潜入水中时，快艇离它只有几米的距离，这时快艇上的多数人都发现了水怪的存在，于是大家驾驶快艇企图追赶它，不过它的速度更快，很快将快艇甩在身后。

船上有位目击者是加拿大渔业巡逻船的船长，根据他的描述，水怪很像是长着羊头的漂浮物，比如木头、电线杆之类的。

还有两位来自蒙特利尔的目击者说，当时在游艇上，他们的位置很近，彼此的视线范围相同，他们所见到的水怪是一个身长约 9 米，背上有几个驼峰，驼峰之间的距离大约 1 米，每个驼峰有差不多 2 米长，可以看到水怪的尾巴是叉状，但是他们所看到的并不完全，因为水怪的尾巴只有一半露出水面，其余则埋没在湖水中。

另一位来自温哥华的游客说，当时她在距离约 100 米的地方看到了水怪，水怪的头部看起来很像牛，有个类似吸盘的盘状东西，在阳光照耀下很刺眼。水怪的背部崎岖不平，就像是平原上有很多丘陵似的。脊背边缘参差不齐。水怪浮出、潜入水面 3 次，然后便沉入湖底。

相比较其他目击者,来自温哥华的游客所言似乎更让人们感兴趣,因为她在来奥卡诺根湖之前,没有听说过关于奥古普古的传闻,所以她的描述不受那些传言的影响因而更接近真实。

不过有人认为不是这样的,这些人曾在伐木营地和湖边磨坊工作,他们曾多次看到湖中有水怪在嬉闹。水怪的头部像桶,额头很宽,很大,有种让人畏惧的威严。水怪出现次数也是有规律的,通常在冰雪融化后出现。不过人们还发现了另外一个规律,那就是有伐木营地和磨坊的地方,更容易出现水怪。这样一来,就引起人们猜想,会不会腐烂的树木沉入湖底而挥发出的气泡,或者是浮在水面上,或者是气泡让废锯屑大量涌出水面,而被人误以为是奥古普古呢?

谢莉·坎贝尔认为这种说法并不能解释她的疑问,因为她看到水怪的游动速度是非常快的,而且众多目击者也证明,水怪的速度比动力快艇速度要快很多,根本不可能是腐木或者是废锯屑。

2003年5月27日,一名游客在奥卡诺根湖附近游泳,结果潜下水之后就再也没有上来。有人将此事报告给当地警察局,警察局派出多人寻找,此事引起了加拿大当局的注意,很快派遣温哥华水下搜索队前来救人,但是搜索队在湖面搜索了三天三夜,仍然一无所获,于是有传言流出,游客可能被奥古普古吃掉了。但是人们连奥古普古是什么都不知道……

除了龙王鲸和械齿鲸外,还有人认为奥古普古可能是逆戟鲸。动物学家奥利弗·古德史密斯在《地球与动物界的历史》一书中写道:逆戟鲸属于鲸目动物,口腔内长有非常锋利而尖锐的牙齿,它们善于团队合作,经常以多击少,围住一条鲸鱼而发动攻击,有些用牙齿咬鲸鱼,有些则用身体撞击鲸鱼,直到被围住的这条鲸鱼精疲力竭,劳累而死。逆戟鲸的力气也是非常大的，能够将体型特别庞大的鲸鱼直接拖到海底。

由此可见，关于奥古普古的猜想很多，但是谁是真正的奥古普古，还没有明确的答案。根据目击者的描述整理可以得出，水怪的颜色大多是黑色、棕色、深蓝色的，当然也有金黄色的；长度一般在6米以上，16米以下，当然也有比这更长的，甚至有目击者见过体长超过20米的水怪；身体并不像鲸鱼那样粗壮，而是有些纤细；头部像牛、马，游动速度非常快；大多数目击者认为水怪皮肤光滑，但是也有人称水怪身上有鳞片；背部是光滑的，但是边缘线崎岖不平；脑袋周围会有短且稀的毛发。

生物学家马克根据这些特征，推断奥古普古可能是马斯拉鲸，属于古鲸的一种，最主要的特征就是腰椎巨大。

也有科学家认为，奥古普古可能是某种海洋生物，后来进入奥卡诺根湖中，为适应环境而变成了淡水动物，这种情况在自然界中并不少见。

这些特征都是根据众多的目击者描述所整理出来的，而目击者的描述又难免会出现误差，所以这种对于奥古普古真实面貌的猜测也只能是见仁见智了。也许是当地人为了招揽游客而做的骗局，也许是人们自欺欺人，也许是幻觉，当然奥古普古也可能真的存在。

不过眼下关于奥古普古的众多猜想中，哪个才是奥古普古的真面目呢？

奥古普古争夺战

尽管目前还未得知奥古普古是什么生物，但是对靠近奥卡诺根湖的城镇来说，这无疑是个非常好的招牌，它能够给当地带来非常丰富的客源，各个城镇都在挖空心思打奥古普古的主意，如有的城镇公然宣称是奥古普古的原产地；有的城镇想办法出版各类有关水怪的书籍，甚至塑造水怪肖像；有的城镇则颁布各种条令来保护水怪。

在这几个城镇中，风头最响亮的是基洛纳市，奥古普古水怪对这个城市的发展有着不可磨灭的贡献。在基洛纳市，可以随处看到有关水怪的东西，比如你在街上散步，会看到有关于水怪的书籍，甚至包括少儿看的卡通动漫。在湖边，政府有关部门还建造了一个大型公园，停放有不少游艇供人们使用。据说，不少游客曾在此看到到过奥古普古。他们声称奥古普古很像是海蛇，身体狭长，之所以不说像鲸鱼，是因为它的身体相对于鲸鱼显得太"苗条"。

2000年8月1日，潘提顿市则另辟蹊径，选择用奖金来吸引游客，举办了"百万赏金找湖怪"的活动，要想拿到奖金，就需要拿出能够证明奥古普古存在的证据，比如照片、视频等，这个活动举行了一年多，但是却没有人拿到奖金，这是为什么呢？来看看其条件要求就明白了。

活动要求必须在奥卡诺根湖内拍摄，在捕捉奥古普古水怪时不得伤害它，而且拍摄的照片要清晰，不能模糊不清，看不出是什么生物；活动还要求体所拍摄疑似水怪的长超过7米，还有一项要求是，奥古普古必须符合科学家猜测的，或者是绝种超过一百万年的动物。

从这些要求可以看出，要拿到这百万的奖金无异于比登天还难。照片清晰这一条就足以让众多的游客知难而退，因为目前已知的所有有关奥古普古的照片几乎都是模糊不清的，要想拍出清晰的照片，难度非常大。另外，还要求是绝种超过百万年的生物，这一点其实有点是强人所难了。

奥古普古是否存在尚未得知，即使所拍摄的照片、视频也是真假难辨，但是奥卡诺根湖却因此名扬天下，湖边的城镇也因它而获得相当多的好处。因此说，奥古普古存在或者不存在并没有那么重要，至少它给当地城镇带来了名誉和财富……

第五章
抚仙湖底的难解奥秘

当人们觉得他人有秘密时,往往会说,你葫芦里装的是什么?葫芦就是秘密的象征,而抚仙湖从地图上看起来形似倒置的葫芦,这个葫芦中到底隐藏着什么秘密呢?究竟湖中有没有水怪呢?不过随着时间流逝,这些秘密终将会被揭开,而抚仙湖的价值也会随之不断地凸现。

水怪传说最多的湖泊

深山有灵,深水有怪。抚仙湖自古以来就流传着不少传闻,有飞马、有海马、有湖怪、有水下活人、有夜间光环、有湖中大鱼、有孤山鲛宫等等,就像是抚仙湖上的迷雾,等着人们去探索,去拨开云雾见青天。

相传在很久以前有两位神仙,一位姓石、一位姓肖,两人在天上待久了感觉生活有些单调,这时,他俩听说在人间有个美丽的湖泊,湖泊如同珍珠般闪闪发光,湖中有帆船般大的巨鱼。两位神仙趁着值班天神不注意,悄悄下凡人间来到抚仙湖。两位仙人刚到就被湖中的美景所吸引,湖面宛如明镜一般,蓝天、白云、红花、绿柳都倒映水中,浑然一体,天水一色,浩瀚无边,就像是一坛陈年老酒,静静的,却有诱人清香。层层浪花随风而起,水面荡起圈圈涟漪,就像是起皱的锦缎,像满湖碎金,又像是一块无瑕的翡翠,青山环绕,鸟语花香。

两位仙人乘舟泛歌,把酒言欢,时而畅游湖中,时而于沙滩晒太阳,时而于岸边垂钓,两位仙人迷恋这人间美景,流连忘返,忘了归期,久而久之,仙人就化作为抚仙湖畔的抚仙石。这也是抚仙湖名字的来历。在这则传说中,并没有说抚仙湖存在水怪,也许是因为水怪惧怕神仙,所以没有现身。

不过自那以后，抚仙湖水怪的传闻便层出不穷。据说在每天的凌晨和傍晚时分，在湖边散步的人经常会看到湖中的水怪有1米多长，会像海豚那样跃出海面，很快便急速游走。据看到水怪身影的人说，水怪闪着金光。

抚仙湖"琉璃万顷"，千百年来，许多谜团扑朔迷离，在当地曾有民谣流传：石龙对石虎，黄金两万五；谁解其中谜，可得半个澄江府。据说有一对善良的老两口得到仙人的指点，说是如果府门前大石狮子的眼睛红了，那么你们就要抓紧往北边逃跑，不要停，否则就会被大鱼吃掉。后来有一天，府门前的狮子果然眼睛红了，老两口抓紧往北跑，跑啊跑，只觉着脚下地动山摇，洪水咆哮的声音也从背后传来，两人谨遵仙人的指点，不敢回头张望，也不知跑了多久，地面不再动荡，也没有洪水咆哮的声音，于是两位老人停下来，回头却发现原先繁华的城池已变成一片碧绿的湖水，而他们就站在湖边，这个湖就是抚仙湖。

在本地，还有另外一种传说，说抚仙湖中原先有一百条蛟龙，每隔一段时间蛟龙就会生气，抚仙湖就会发大水，昆明、澄江一带经常被淹，伤亡惨重。

昆明有个叫张三丰的人，决心为民除害，斩杀妖怪。张三丰手拿宝剑潜入抚仙湖中，趁一条蛟龙在外游玩时，悄悄将它杀了。张三丰想，若是其他蛟龙得知，必然会前来寻仇，大意不得。

不久后，众蛟龙得知消息，便商议报仇，推举强悍凶猛的独角蛟为帅，带领大家前去报仇。它们将战书交给张三丰。张三丰为了能够战胜众蛟龙，前去东海向海王龙借得避水珠和定水珠，同时又找十八罗汉借了降龙杵，找托塔天王借了宝塔。蛟龙会放毒气，本想再去借一个防毒的面具,但是决斗时间将近,来不及了。刚回到澄江,就感觉大地在晃动,张三丰心想不好,于是便跑到街上大声喊:"狮子眼睛红,要耍水晶宫"。但是人们都不知道他在喊什么,把他当成疯子,因而没有当回事。

第二天天刚亮,有个小孩在外面玩耍,不小心把手指划破,小孩看到石狮子,就恶作剧地将血抹到狮子眼睛上,正在这时,众蛟龙将湖水引来,整座城市被淹没了。

一"头"巨鱼

看过小说《鬼吹灯》的人一定知道抚仙湖。抚仙湖,如其名,远处望去如同仙境一般,再碰上烟雾弥漫天气,景色更是美不胜收,给人一种高处不胜寒之感。抚仙湖是中国最大的深水型淡水湖泊,宛若一颗明珠镶嵌在玉溪市。明代大文学家杨升庵有诗赞美抚仙湖:"澄江色似碧醍醐,万顷烟波际绿芜。只少楼台相掩映,天然图画胜西湖。"

抚仙湖是我国有名的淡水湖,湖水清澈,由于倒映着蓝色的天空,所以湖水看起来很蓝,站在岸边可以清晰地看到鱼儿游弋,微风拂来,让人心旷神怡。抚仙湖内出产20种经济鱼类,其中抗浪鱼名气最大,是抚仙湖的特产。

1981年的夏天,抚仙湖东岸突然涌出了群鱼,据围观的人说,群鱼有一千多条，都是非常大的鱼，中间的那条是最大的，然后往四周是稍大的，再往四周是比较小的鱼，看起来等级森严，鱼群的等级很明显是按照身躯的大小划分的。这个群鱼让围观的人联想起"皇帝"出巡，前呼后拥，很是壮观。

不久后，云南省一家报纸报道了这则消息：抚仙湖内惊现鱼群，其中有一条体型巨大的鱼，不过人们并没有看清它的全貌，只看到了鱼的头部和脊背，脊背看起来就像小帆船那么大，头也很大，像牛身子那般大。

隔了几天，另一家报纸也报道了这则消息，说这条鱼头部看起来像是数百斤重的猪那样，鱼背露出水面70厘米左右，游速度非常快。

1983年夏天，立帽村子十几个渔民在抚仙湖的岸边等候海蛆。这时正好是下午，天气晴朗，温度适宜，抚仙湖风平浪静，很适合捕捉海蛆。但是十多个人等了两个多小时仍然没有看到，这种情况有些反常。平时不会出现这种情况，海蛆也许会晚些时间出现，但是不会一晚几个钟头。一定有什么异常情况发生。

等到下午5点左右，抚仙湖湖面上突然出现了鱼群，就像是个小岛一样，让渔民们惊讶的是，鱼群都是由较大的鱼组成，即那种平时很少见的大鱼。最小的鱼有两米左右，最大的看不清，因为这些鱼全都围聚着那条最大的鱼。渔民们从来没有见过这种场景，惊得目瞪口呆。鱼群也看到了渔民，不过它们不像其他鱼似的，看见人就摇着尾巴赶紧躲起来，反而是不慌不忙，队伍很整齐，从渔民旁边经过时，渔民这才看清那条最大的鱼。

大鱼的身体很像水牛，短而粗，皮肤呈黑色，看起来不怎么像鱼，然而要说不是鱼，又怎么会在湖中游泳，而且还有这么多的鱼围聚着呢？好奇的渔民们快速商议，决定继续跟着鱼群。然而并没有跟踪多久，游在鱼群最前面的鱼便沉入水底，接着是中间的大鱼以及后面的鱼依次有序地下沉，速度很快，几分钟后湖面就不见鱼的踪影了。

这两次的情景看起来很相似，也不知看到的最大的巨鱼是不是同一条。此后也出现了很多类似的传闻。

在1996年国庆节那天，又有人看到了巨鱼，不过这次情景稍微有些不同。这次出现的是4条长达10多米的大鱼，其中两条是青鱼，两条是白鱼，从它们畅游的情况来看，白鱼就像是保镖，青鱼游到哪，白鱼就跟到哪。由于它们的身躯很庞大，所游之处泛起层层波浪。

有不少人被这场景所吸引，甚至还有几名青年驾驶木船，想要捕捉这4条大鱼，他们奋力划桨，眼看就要靠近鱼了，但是却偏偏差那么一点，这4条鱼好像知道青年想做什么，不过它们并不慌张，从它们游水的姿态来看，似乎在逗那几个青年玩。时而跃出水面，时而潜入湖底，甚至还大胆着游到船底，一直逗留到下午4点才潜入湖底。

傍晚时分，有渔民又在岸边发现了3条巨鱼，不过在他们眼中这不能称之为"鱼"，用"水怪"形容比较贴切。3条大鱼好像很兴奋，在湖中跃起、翻滚，每次落下激起许多浪花。当时抚仙湖岸边停留着多条15米左右的渔船，渔民悄悄比较了下，发现3只水怪的身长跟渔船差不多。天渐渐黑了下来，渔民看不清3只戏耍的水怪只好回家。后来他们听人说，他们见到的应该是"黑白鱼王"。

有人曾在岸边看到湖心深处的大鱼很像是鲨鱼，在湖里畅快游来游去，当时目击者众多，都说确实看到了类似鲨鱼的大鱼。而鲨鱼食肉成性，凶猛异常，因而这则消息传出后，很多人再也不敢驾驶船只经过"鲨鱼"出没的地方。

在所有的抚仙湖水怪传闻中，大多水怪其实就是大鱼。很多人前往捕捉过大鱼，钓鱼王贾涛就是其中一个。贾涛是个钓鱼高手，他曾在1997年钓到一条长约1.6米、重65公斤的大青鱼；在1999年，贾涛又钓到了一条长1.55米、重52公斤的青鱼。目前来说，捕到的鱼大都不超过2米，至于那种10米以上的大鱼从未有人钓起过。因而有些人认为那不是大鱼，其实是水怪，水怪是有智慧的，不会轻易上钩。

不过从目前来看，倾向于水怪是大鱼的人更多些，这样的鱼体型一般长达10多米，不能用"条"来形容，用"头"反而更贴切。不过抚仙湖中最大的鱼到底有多大，有多少头，抚仙湖中最古老的鱼类是什么等问题，人们至今仍在议论纷纷。

虽然目前还没有人捕到过10米以上的巨鱼，不过生物学家从抚仙湖的水文条件推测，抚仙湖的水域面积、深度、食物等环境，确实可以为身长10米以上巨鱼提供合适的生存环境。再说，声称看到大鱼的人那么多，身份有不同，不可能所有人见到的都是假象。

对于抚仙湖中是否有水怪，目前不得而知，不过对于其中生存有10米以上的大鱼的猜测，可能性很高。而说到水怪，我们也不能轻易否认，毕竟天下之大，无奇不有，没准在抚仙湖底真的隐藏着一只水怪呢。

"海洋人"

在抚仙湖地区一直流传着这样一种说法：在很久很久以前，抚仙湖还是个很大的坝子，坝子里有座庞大而繁华的城池，城池里生活着不知哪个朝代的人，不过人来人往，城市很是热闹。集市里的各种吆喝声准时在早上响起，傍晚时分可以听到乐器声，在茶楼里可以听到人们高谈阔论探讨国内的事情；再晚一些，人们就关门睡觉了，只能听到狗吠的声音。城市生活很精彩，人与人之间和睦相处，但是突然有一天洪水涌来，就像是水漫金山似的，整座城市被淹没了。而这个地方就是后来的抚仙湖。如果天气晴朗，风速不大，站在抚仙湖岸边可能会幸运地看到湖底的古城。

有目击者声称在古城中看到有类似人型怪物生存，怪物头部很大，有和人类形似的眼睛，不过他所见到的怪物眼睛紧闭，因而没有看到眼球。怪物有两只手臂，两只脚，就外形来说，与人类几乎没有什么差别。

根据达尔文的进化论，人类是由类人猿进化而来的，然而也有人认为，人类是由某种海生生物进化而来的，在远古时代，人类既能在海中生存，也能在陆地上生活。按照这种说法，"海洋人"的存在是有可能的。

有人说，既然湖底有古城，那么下去探索一下不就行了？人们之所以不下去探索，原因有二：一是抚仙湖很深，深度达150米；二是抚仙湖有各种水怪传说，人们不知"海洋人"对待人类会是什么态度。

耿卫从小就在湖边长大，对抚仙湖的各种传说都烂熟于心，所以一直向往着能够一探抚仙湖底的奥秘。因此，他爱上了潜水，成为了一名专业的潜水员。耿卫水性很好，被人们称为"水鬼"。

耿卫第一次潜入湖中就发现了许多奇怪的石料，有各种石板、石条等，这些石料上面被厚厚的青苔覆盖。这个现象令耿卫感到非常好奇，因为他知道抚仙湖底的地形主要是以泥沙为主，怎么会出现大量的石料呢？难道说海底真的有"海洋人"存在，而这些都是"海洋人"的杰作？

不久后，他看到很多建筑，均为高台式，下面堆积着很多石块，等靠近后耿卫发现，这些石块都是非常规整的，是方方正正的石头，而且每块大小都一样。这么多的石头都是同样大小的方块，耿卫认为天然形成的可能性很小，人工雕琢的可能性非常高。是谁雕琢的呢？很有可能是"海洋人"。

不过这次潜水，他并没有发现"海洋人"的身影。

为了探索"海洋人"和水下建筑，耿卫曾先后潜入湖底38次，并且拍摄了大量的照片、视频。上岸后，他将这些整理成专题报告，上报给云南省有关部门以及相关专家。有的人认为水下建筑是个祭祀台；有的人认为是码头、水坝；也有人认为是"海洋人"居住的地方……随着人们争议的升温，抚仙湖再次名声大噪，成为全国关注的焦点。

在不久后的一次探索中，耿卫又有了新的发现：在水下古城，他发现了一个很像是城门的建筑，门宽3米左右，高2米左右，在门后方有个坍塌堆积的石料。同时，他还发现一块石板，石板上青苔、淤泥很多，耿卫将淤泥扒开，去掉青苔，发现上面竟然是"人面浮雕"，刻画得很简洁，简单的线条，但是一眼就能看出这是人的面部轮廓，另外，他还发现了一些特殊的符号……

世界各地都曾发现"海洋人"，如美国有位名叫特罗纳的探险家，他在巴哈马群岛发现了一座水下建筑，有人认为是"海洋人"净化海水的设备，有的则认为是"海洋人"躲避巨型生物攻击的避难所，也有人认为是"海洋人"发电的电磁网络。

会不会抚仙湖底也有"海洋人"的存在，目击者所看到类人形怪物就是"海洋人"呢？

当人们觉着他人有秘密时，往往会说，你葫芦里装得是什么？葫芦就是秘密的象征，而抚仙湖从地图上看起来形似倒置的葫芦，这个葫芦中到底隐藏着什么秘密呢？究竟湖中有没有"海洋人"，这些都是装在葫芦里的秘密。不过随着时间流逝，这些秘密终将会被揭开，而抚仙湖的价值也会随之不断地凸现。

未解之谜

千百年来，抚仙湖确实有着许多的未解之谜，而且都记录在案，又有众人见证，可信度非常高，目前抚仙湖主要的未解之谜有以下几个。

第一谜团是水下"活人"。抚仙湖湖水很深，古代时期处于农耕社会，生产大多都离不开水，那些以打猎为生的渔民更是离不开水。千百年来，不知有多少人葬身于抚仙湖中，但是非常奇怪的是，有人溺亡后，渔民们打捞尸体，却很少能够捞上来。当然有些尸体很有可能葬身鱼腹中，但是总不能全都葬身鱼腹，必然会存在漏网的。因此有人传言，抚仙湖中存在水怪，尸体都被水怪吞噬了。

也有渔民称，在抚仙湖底有一个水下古城，那些落水的人并没有死去，反而是生活在这个城市里。甚至有渔民言之凿凿地说，自己曾看到湖中有人买菜、街头卖艺。不过这种方法尚未得到证实。

不少潜入水下的潜水员说，在抚仙湖水下有不少的尸体，数量奇多，那些尸体都是斜站着的，还会随着水的流动而动，远远看起来就像是活人一样。男尸与女尸游动稍微有些不同，男尸前倾，女尸则后仰。

1986年8月初的某天，天还没亮，渔民刘权像往常一样去抚仙湖打鱼，收网时刘权发现网很沉，他很高兴，看来今天收获不错。不过等他将网拉上来时，却被吓了一跳，原来网沉并不是捞到了鱼，而是捞到了一具尸体。刘权在抚仙湖附近的牛摩村长大，从小就听说过关于尸体的故事。人们都说捞不着尸体，他却捞到了一具。

捞到尸体的消息像是长了翅膀一样，很快就传来了。当地公安局也被惊动了，经过调查，发现这具尸体落水已有几年，但是尸身保持不坏，很有可能是由于尸体表面布满了一层石灰似的物质。

于是，人们猜想是不是其他跌入湖中的尸体都保存得这么完好。有科学家解释，尸体保持完好主要是由于抚仙湖是重碳酸钙水质，另外一个原因是抚仙湖底的水温大约在13摄氏度左右，这个温度恰好属于细菌很少生长的一个温度。

尸体能够保存得完好，所以抚仙湖中有数量较多的尸体也就不足为奇了，再加上会随着水的流动而动，因而会被当作是"活人"。

第二谜团是湖底海马。海马的传说由来已久，清道光年间的《澄江府志》中曾记载："在抚仙湖中，有物如马状，浑身洁白，背负红斑，丈尺许，时出游水面，迅速如飞，见者屡获吉应。"意思是在抚仙湖中有很像马的生物，浑身洁白，背上有红斑，这种生物有时会在水面游玩，速度非常快，见到这种生物的人都会有好运。

据民国《江川县志》记载："乾隆四十三年，抚仙湖中于十月内有海马出现，自江川立昌前起，向东南奔腾，水如翻花，至宁州塘子岸边没。葛炜学生王蕙见，及同学人皆见。旧传清初海马现，兆赵少宰、李中丞之瑞"。意思是乾隆四十三年，抚仙湖中有海马出现，首先出现在江川立昌，然后快速朝着东南方向奔跑，水面上翻起浪花，到宁州堂子岸边便潜入水中，消失不见。当时看见的人不少。还有相传清初时，海马也曾出现过，也有不少人见过。

很多书籍都记在了关于海马的消息，海马是种什么生物，它真的存在吗？它和抚仙湖的水怪有联系吗？或者海马就是水怪？澄江县有座修建于康熙年间的文庙，文庙石桥上刻画着一种很像马的生物，难道这就是海马吗？

据传曾有渔民声称看到过海马，不过真假有待验证。另外，还有件很奇怪的事情，天气晴朗时，抚仙湖中的石头上能够看到像是马蹄印的圆孔，有人认为这是海马留下的脚印。这则消息真假难辨。

1987年的一天，离抚仙湖不远的帽天山发现了数以万计的古生物化石，这个发现震惊了古生物界。经研究表明，远古寒武纪生命大爆发时期，帽天山就已经有生物存在。而那个时期，正是地球生命的起点。帽天山化石群绵延20公里，宽4.5公里，就像是带子般蜿蜒，为人们揭露了5.41亿年前海洋生物的真实面貌。这意味着在远古时期就有生物居住在这里，会不会还有远古生物至今仍生存在抚仙湖中呢？这种生物会不会就是传说中的海马？

海马和龙一样，都有着很多神奇的传说，也有不少书籍记载，甚至还有人声称见过这两种生物，但是没有人能肯定这两种生物是真实存在的，所以关于海马的奥秘还需要科学家进一步挖掘。

第三个谜团是夜见光环。光环的传说始于张玉祥。据说在1991年10月24日这天夜间，他和村里的几个人乘船捕鱼，月明星稀。在月光下捕鱼，风平浪静，远远望去就像是一幅山水画。等到凌晨一时左右，突然间风起云涌，大雾弥漫，天昏地暗，猛烈的风势让船只摇摆不定，剧烈颠簸，张玉祥等人感到非常奇怪，抚仙湖一向风平浪静，很难出现大风大浪的天气。不久后，令张玉祥等人感到更奇怪的事情出现了，只见湖中突然出现一个大圆盘，圆盘闪闪发光，升出水面后圆盘在空中快速旋转，看起来很像光环，不过没旋转多久光环就消失了。当时由于大雾，分辨不清方向，张玉祥等人不敢划船，只好停在原地，然而等大雾散去后，张玉祥等人惊讶地发现，船只竟然停泊在岸边。

他们很不解，船只怎么会突然就停在岸边了，还有看到的那个光环是什么？为什么会从湖中升起呢？难道还存在一只会发光的水怪？

第四个谜团是怪石界鱼。抚仙湖和星云湖中间有条河，河中有块"界鱼石"，抚仙湖和星云湖中的鱼儿游到"界鱼石"就开始返回，仿佛有张无形的网横在那儿，鱼儿穿梭不过去，这一点很是奇怪，至今仍为人们津津乐道。

当然，抚仙湖还有很多其他谜团，这些谜团都是祖祖辈辈传下来的传说，很神秘，在流传的过程中，难免会被加工或者篡改，因而真假难辨。从传说到历史，从爱好者的个人的探索到考古学家的探索，人们发现了太多关于抚仙湖的奥秘，令世人震惊不已。抚仙湖中还有许多未被人知的谜团，不过人类对于未知总是好奇的，不久的将来，这些谜团终将被人类一个个揭开。

第六章
尚普兰湖中的"天鹅颈"

美国尚普兰湖是世界著名的淡水湖之一,湖滨景色秀丽,是休养圣地。从19世纪开始,当地就在流传有关水怪的传说,但是却没有人知道水怪是什么,是蛇颈龙,是海蛇,还是其他的生物?它被称为美国版的尼斯湖水怪。总之扑朔迷离,神秘莫测,从最近几年的情景来看,其谜底快要揭开了。

美国版尼斯湖水怪

地球是宇宙中最为特殊的一颗的星球,这颗蓝色星球上隐藏着无数奥秘,如各种水怪传闻,相比广阔无边海洋中的水怪传闻,人们似乎更关心湖泊中的水怪传闻,这大概是因为海洋宽广、探索起来难度非常大,湖泊面积小,又在陆地上,因而便于探索。在美国佛蒙特州伯灵顿市有个名为尚普兰湖的湖泊,是美国第6大湖泊,面积约10多万公顷。

烟波浩渺、碧水蓝天,这是站在尚普兰湖的直接感受,湖两岸的风景主要由白、蓝、绿三种主色组合在一起,就像是一个整体,湖光山色,秋水长天。嫩绿娇翠的树叶,奇石很多,有的像是被斧头劈开两半似的,中间的缝隙整齐直立,有的像是某种动物,有的则像是胖胖的罗汉,有的则像是湖中的鱼类,浑然天成,惟妙惟肖。尚普兰湖之所以能够名扬天下,除了拥有秀丽多姿的景色外,还有层出不穷的水怪传闻。

相传在400多年前,有位名叫萨缪尔·德·尚普兰的法国探险家,奉国王的命令前来美国佛蒙特州伯灵顿市,目的是改善与当地印第安人的关系,没想到,却发现了一个如同世外桃源般的湖泊,而这次发现也让他名垂青史。

按照国王的命令,尚普兰来到圣劳伦斯河附近的印第安人部落,不过要想取信印第安人并不容易，尚普兰决定从帮助他们对付敌人开始。此地印第安人最主要的敌人是易洛魁联盟。该联盟势力很强大，多次战争中，印第安人总是吃亏。所谓知己知彼，方能百战百胜，尚普兰带领数百人乘着独木舟悄悄来到联盟的势力范围。乘船过程中，他们经过佛蒙特州时发现了一个非常美丽的湖泊。

湖泊如同蓝宝石熠熠生辉，两岸树木蓊郁高大，尚普兰不由得被吸引了，他朝湖中望去，湖中有个呈白色的水怪，水怪身长约6米，身躯很像海蛇，长而细。这里所说的细，是相对于长而言，事实上，水怪的身躯很粗，头部看起来像马。

尚普兰发现湖泊的事情被记录在案，因而人们也把这个湖泊称为尚普兰湖。实际上，早在尚普兰发现湖泊之前，印第安人部落早就有关于水怪的传闻，而且已经流传了几个世纪。据说水怪会伤人，因而当地人很少有敢靠近湖泊的，他们还给水怪起了个名字叫"塔托斯考克"。这个水怪的特征和尚普兰见到的水怪很像，很可能就是同一个水怪。

传闻是这样的：很久以前，天气很热，草却非常茂盛，有位牧羊人在湖边牧羊，这时有两位年轻人走了很久的路，很热，便到湖中游泳，牧羊人看着他们很是羡慕，多年轻啊。接下来发生的事情却超出他的想象，两个年轻人刚进入湖中，就惨叫连连，由于距离很远，牧羊人看不到发生了什么事情，于是他紧急骑上马，赶到年轻人处，然而到了那儿才发现空无一人，只有湖面浪花在翻滚，场景很是恐怕，他吓得落荒而逃。

不久后，牧羊人再次到湖边放羊，回去的时候发现少了两只羊，而他一直在湖边看着，没有发现狼之类的动物，唯一的解释就是羊在湖边饮水时，被水怪悄悄地吞了。牧羊人联想起不久前两个年轻人消失的情况，他确信，湖中有水怪，既伤害动物也会伤害人。

回到镇上，牧羊人将他的想法告诉同镇的人，一开始这说法很难得到众人的认同，但是随着目击者增多，以及镇上经常有动物在湖边无缘无故消失，众人才相信牧羊人所说。

水怪会伤人的传闻就这样在当地流传，当地也有很多人声称见过水怪，不过他们的描述都有不同之处，有的认为像海蛇；有的则认为是某种大型鱼类；有的则认为水怪像大象一样，有着长长的鼻子；有的人认为是像蛇颈龙那样；甚至还有人将它神话，认为水怪会乘云驾雾，张嘴吐火。总之关于水怪的传闻很多，当地人心惶惶，甚至有人在湖边立了块石碑，上面写着"勿靠近，危险"。不过由于古代通信技术落后，交通不便，再加上尚普兰所在位置很偏僻，所以湖中有水怪的消息一直在当地流传，而未被世人熟知。

1873年，有铁路工程队前来湖边铺铁轨，有天，工人在休息时突然发现有个巨型水怪浮出水面，看起来很像是海蛇，头部很大，正从湖中心朝着他们的方向游来，速度很快，工人们很害怕，刚要逃离时，水怪却潜入湖中消失不见。这可能是外来人第一次发现水怪。

这件事影响很大，有人将此事爆料给《纽约时报》，该报纸在当年7月9日刊登了这样的一份报道：水怪浮出水面，朝着岸边游来，速度很快，身体表面好像覆盖了如同鱼类的鳞片，在阳光下闪闪发光，鼻子很长，如同大象那样会喷水；头部很大，很光滑，眼睛眯成一条缝，但是却炯炯有神，嘴巴却非常大，很夸张，还有两排锋利的牙齿，头部的皮肤看起来很平坦，没有褶皱。水怪游动速度非常快，在游泳时，头部可以一直浮出水面，尾巴则一直拍打着水面。这是第一次有大型报纸刊登有关水怪的消息，这则报告刊登出来后，引起了轩然大波，成为人们茶余饭后的谈资。

在发现水怪的那几天，当地人还发现了丢失了不少家禽。家禽消失的地方有痕迹，沿着痕迹大家一直追踪到湖岸边，看起来像是被湖中的水怪给拖走了。有目击者声称曾经见到一条巨蛇，蛇好像在吞食什么动物，他被吓了一跳，于是开枪射击，蛇很快逃走了。由于家禽失踪事件很多，所以当地人组织搜索队进行搜索。八月上旬，有一艘汽船在湖中进行搜索时，撞上了一只水怪，差点翻船，但是水怪却安然无恙，不过水怪并没有逃走，据船员分析，水怪有可能是被杂草缠住了，因担忧水怪会伤人，于是，他们掏出枪朝水怪射击。

水怪隐藏在水草丛中，看不见子弹有没有击中它，于是人们再次开枪，这一次，他们听到了惨叫声，声音一开始很低沉，但是慢慢地声音逐渐提高，到最后声音高到众人难以忍受。然后众人看到，水怪的头从水草丛中探了出来，头部像是有灰色毛巾似的东西，两只眼睛红彤彤的，像是会发光；其身后有个很大的脊状物突起。水怪的尾巴伸展在空中，高出水面近2米，水怪很愤怒，尖锐的牙齿像是刀子般，口中好像要吐出火焰来，似乎在寻找开枪的人报仇。

船员很害怕，于是驾驶着船只逃离。为了阻挡水怪，在逃离的过程中，船员们还不忘记朝着水怪开几枪，水柱从水怪的头上喷出，砸在湖面上，每个人都感受到了水珠滴溅。水怪又怒吼了一声，好像中了一枪，这时船只和水怪相距不远，水怪潜入水中，可能从水中追踪船只，等它的头再次浮出水面时，船员再次开枪射击，船员看到水怪的头部开始喷出血红的水柱，水怪确实受伤了，它没有再怒吼，而是将身躯蜷缩起来沉入湖中，湖面已经变得血红一片。

这件事在《怀特霍尔时报》刊登后，引发了人们极大的热情，人们纷纷讨论水怪受伤后会不会死之类的问题，也有人愿意出巨资收藏水怪的躯体，但是搜索队搜索多日，甚至派遣潜水员潜入湖中，都没有发现水怪的尸体。他们认为水怪可能并没有死掉，而是躲藏起来疗伤，因而捕捉不到。

尚普兰湖水怪名声大噪之前，尼斯湖水怪早已为世人所熟知，因此，世人将尚普兰湖水怪称为"美国的尼斯湖怪"。

有缘才能见得到

水怪的出现使尚普兰湖名声大噪，但是水怪好像跟人捉迷藏似的，很难看到，或者说只有有缘分的人才能看到它，还别说，有缘分的人还真不少。

《普拉茨堡电讯早报》在1883年7月31日刊登了这么一则报道：来自克林顿县的司法长官内森·H.穆尼有天在湖边散步时，发现了水怪的存在。水怪看起来很像蛇，体长约7.5—10米。这则报道再次引起人们对尚普兰湖水怪的兴致。

1886年的初夏，水怪似乎有点躁动不安，每天都会浮出水面，几乎每天都有人声称见到了水怪。曾有人在湖边钓鱼，结果鱼没钓到，反而钓到了一个非常庞大且重的东西，钓鱼人以为是条大鱼，但是当他不断地收紧鱼线时，才发现钓上来的竟然是水怪。水怪身躯庞大，牙齿犀利，只见水怪咬掉鱼线潜入水中，消失不见。

与此同时，也有人在湖的另一边发现了水怪的身影。此人名叫圣阿尔本斯，当时他正在湖中捕捞野鸭，在追逐的过程中，他看到有个庞然大物在岸边盘缩着，两眼紧闭，像是睡着了般。他很惊慌，于是便去取枪，这一过程有些细微的声响被怪物听到了，只见怪兽伸展着身躯，发出猎犬似的叫声，好像不满意有人打扰了它的睡眠。

1887年5月的某天，有位农场小伙在半夜时听到了奇怪的声音，声音来源于尚普兰湖，小伙虽然有些害怕，但是好奇心更甚，于是他朝着湖边走去一探究竟。在距离湖泊一英里时，他听到湖中心好像有动物发出奇怪的声音，但是天空太黑暗，他看不清到底是什么生物。

从众多的目击者所描述的情况来看，水怪很明显属于强悍型，会攻击人类。《普拉茨堡电讯早报》经常刊登与水怪有关的新闻，如曾有一群人7月份来到湖边郊游，突然湖中有个水怪浮出水面，体长有20多米，像水桶那般粗，这群人非常害怕，其中几个妇女吓得叫出声来。水怪并没有攻击他们，而是转身潜入湖中。

水怪不久后离开了湖面，朝着乔治湖的方向前进。有位农民开车拉着干草，打算送到牲口棚，结果在路上看到了这只水怪，水怪的身上有黑色和灰色的条纹，在移动时它的身躯跟蛇一样，长约7—20米。

据说曾有人悬赏捕捞水怪，虽然追捕多次，但是从未捕获过，不过在追捕的过程中，人们发现这只水怪虽然看起来像蛇，但是有个非常明显的特征，它有很多巨大的鱼鳍，这一点让人们认为水怪并不属于蛇类。

1899年夏天，有目击者说见到一条长约10米呈橘色的蛇，这条蛇头部像是倒转的大浅盘，后背呈拱形，不过目击者也说看到了蛇有个非常宽平的尾巴，这一点似乎暗示，此生物不是爬行动物，而是哺乳动物，很有可能是非常像蛇的鲸鱼，而符合这个条件的鲸鱼只有械齿鲸，但械齿鲸在200万年前就已经灭绝了。

尚普兰湖水怪成为20世纪70年代的最典型、最有名气的怪兽之一，不过关于怪兽形象的传闻描述，可以分为两个明显的时期：一个是20世纪70年代以前，这个时期最显著的特征是所有报道都缺乏证据，只是根据目击者描述整理的，而描述又因人而异，所以人们很难理解目击者究竟看到了什么，何况目击者的说法也有很多矛盾之处，如有目击者认为有鳞片，但是也有不少目击者认为没有鳞片；有的认为是巨型鱼类，有的则认为是鲸鱼，属于哺乳类；有时目击者的描述还受到他以前所固有的水怪印象影响。如受到尼斯湖水怪的影响，湖中稍有风吹草动，便认为有水怪出现，带着这种先入为主的观念，难免对其描述会有潜移默化的影响。

甚至还有目击者将水怪当成变色龙，皮肤颜色多变，苔绿色、黑色、红铜色、灰色、褐色等等，长度在3—20多米间，其背上有着类似驼峰的隆起，眼睛虽然很小，但是炯炯有神，头上长着角和鬃毛，有的甚至还有背鳍。从上面的描述可以看出，目击者关于它的描述众说纷纭，杂乱无章。

另一个时期是在20世纪70年代以后，关于水怪的描述更多了，这时科学技术水平已经取得了很大的发展，人们对水怪的描述更加接近真实，根据众多目击者的描述，可以得出：水怪有跟海蛇相似的脖子和头部，浮在水面时，其头部距离水面有一米多高，经常可以看到水怪的脊背；在水怪刚浮出水面时，可以看到水流顺着它的躯体往下流，当它潜入湖中时，湖面会泛起阵阵浪花。

关于水怪，有科学家认为是存在的，有些则认为尚普兰湖中根本就没有水怪，目击者看到的可能是光线折射而形成的光影，或者是某些巨型鱼类，又或者是一字排开的水獭，从远处看很像水怪；也有的认为可能是浮木、礁石之类。

科学家还提出了理论依据，尚普兰湖形成的历史不超过1万年，所以说那些认为尚普兰湖中有隐藏着侏罗纪等时期怪物之类的想法是不现实的。即使有，这些生物也不可能存活几个世纪或者更长时间，当然有人会说，可能会有它们的后裔存在，然而要想繁衍后代，必须要有繁殖种群，只有这样才能繁衍下去。不过直到今天，人们从未在湖边发现这些生物存在的线索。

不管尚普兰湖中的水怪是什么生物，想见它一面却很不容易，只有跟它有缘，才能见到它。

曼西的照片

20世纪70年代以后，关于尚普兰湖水怪的传闻逐渐增多，甚至还有人悬赏5万美元寻找水怪，只需要找出水怪的藏身之处，便能得到这笔奖金。但是这笔奖金一直无人领走，此时声称见到水怪的人仍不少，却没有人知道水怪的确切藏身处。

这个活动的主持者是巴纳姆，他的身份是个演员。他对水怪很感兴趣，希望找出水怪的藏身之处，一睹水怪的真面目，但遗憾的是，他始终没有如愿。

鲍巴德在20世纪90年代中期也曾发现水怪的身影。鲍巴德是位船长，其航行路线是在柏林顿和肯特港往返，因而会经常经过尚普兰湖，他听闻过有关尚普兰湖水怪的传说，但是往返数千次，却没有遇到，直到有一天，他驾驶船只行驶在航线上，突然发现湖中有东西慢慢靠近船只，鲍巴德还以为是一根浮木就没当回事，不过他很快发现不对劲，东西逐渐靠近，他看到是个类似船只的怪物，其顶部还会往外喷水，长度在2米左右，不过他没有看到水怪背部有类似驼峰的隆起，也没有看到鳍。

除了在湖中发现水怪外，还有人在陆地上发现了水怪的身影，发现者是托马斯·E.莫尔斯。1961年春天，莫尔斯驾驶汽车路过尚普兰湖时，突然发现湖边有一个鳗鱼似的生物，他乘车靠近湖边并停下观察，发现生物的牙齿是白色的，很锋利，正懒洋洋地躺在岸边休息，没察觉有人正在观察它。

1978年8月9日，经常发表水怪新闻的《普拉茨堡山谷新闻报》再次发表了两篇有关水怪的报道。不过这两篇报道不是记者撰写的，而是由目击者撰写的，理查德·斯皮尔便是其中一位。

1970年前，斯皮尔乘船去纽约埃塞克斯县时发现了水怪的身影，当时水怪待在距离湖边约80多米远，水怪的身体大多隐藏在水中，只看到湖面上有两个很明显的"隆起物"，很像是水怪的背部，其最高处离水面约1米，身体很粗。当时女儿跟他在一起，很好奇，斯皮尔只好将望远镜交给女儿，女儿说，她看到一个类似马的动物。不过等斯皮尔再次用望远镜观望时，湖面上水怪的身影却消失了。人们很容易将"隆起物"与水怪后背上的驼峰似的隆起物等同，不过是不是如此，尚有待进一步考验。

另一位是哈皮·马什，当时他也曾目睹了水怪，按照他的描述，水怪是种类似于海蛇的生物，在湖中游动的速度很慢，身体会盘缩起来，头部会浮出水面，头部长约0.6米，体长在5.5—6米之间。皮肤呈黑色，不像其他目击者所描述的那样光滑，反而到处是褶皱，后背上还有几个很小的隆起物，并不是很明显。这种生物有着海蛇、海鳗以及械齿鲸的某些特征，但是又不属于这三者中的一种，也不像是蛇颈龙后裔。

1977年7月初，安东尼和桑德拉·曼西夫妇打算去佛蒙特州拜访一位亲戚，他们从康涅狄格州出发，在经过尚普兰湖时，两个孩子被湖中的美景所吸引，吵闹着要去湖中游泳，夫妇二人被迫无奈，只好将车停在离湖不远的地方。

他们步行了数十米，便达到了湖边。两个孩子见到湖泊很欣喜，便在湖边玩水。安东尼早就听说湖中水怪的传闻，但是他并不相信，天气有些闷热，天空呈现出让人舒服的浅蓝色。安东尼转身走向汽车，他要将车厢里的太阳镜和相机拿过来。

曼西就在岸边看着孩子玩耍，脸上露出了喜悦的笑容，这笑容片刻间转为惊讶、惊愕，她用手捂住自己的嘴巴，距离她50米左右的湖面突然出现了奇怪的波动，接着一个巨型水怪浮出水面。水怪头部不大，脖子细长，背部有明显的隆起物，当头部伸出水面一定距离时，水怪开始摇晃着脑袋，向四周张望。

安东尼在返回时也看到了水怪，他加快脚步，朝着孩子以及妻子的方向呼喊。曼西当时吓得腿都软了，安东尼让孩子远离湖边，同时自己背起妻子，朝远处跑去。曼西伏在背上，用相机拍摄了一张照片。水怪之所以快速潜入湖中，很有可能是被湖面上的船只惊吓了。据曼西估计，水怪浮出水面的时间在7分钟左右。

当时有很多人声称发现了水怪，但是由于拿不出证据，或者所描述得并不能让人信服，因而招致他人的嗤笑，曼西夫妇也担心别人会这样看待自己，于是他们选择不公开照片，照片洗印出来后，就放在家庭相簿里，朋友来时，拿给朋友看。

一位看过照片的朋友在1980年将此事告诉了一位名叫查茨斯基的社会学老师。查茨斯基对水怪有所研究，听说后他立即找到曼西夫妇，查看照片并询问拍照经过。曼西夫妇将此事详细告知。不久后，查茨斯基将这张照片交给了对脊椎动物学有所研究的乔治·楚格、生物学家罗伊·麦考尔，以及B.罗伊·弗里登三位专家查看，这几人观看过照片后，并做出了很高的评价。

弗里登供职于亚利桑那州光学科学研究中心，他认为这张照片不是合成的。当时有很多目击者声称拍到了照片，但最后鉴定都是合成的，或者是故意在湖中做手脚拍出来的。这张照片最起码表明了曼西夫妇所拍摄的是真实的，从照片中可以看出，波浪是垂直的而不是水平的，因此可以断定水怪是从水底浮出的。不过弗里登无法从照片来判断水怪的体积大小，以及它与观察者的距离。

海洋学家保罗·勒布郎德在看过照片后，找出了一种估算水怪体积的办法，就是根据水怪周围波纹的长度来计算。波纹长度在5—12米之间，然后将水怪和波纹的长度进行对比发现其体长是波纹的1.5倍，也就是说水怪露出水面的部分在7.5—18米之间，由此可以判定水怪的体积是非常大的。

不过有人认为这张照片是假的。理由是为何只拍了一张照片，按照常理，见到水怪时，普通人肯定会尽量多拍几张，但是曼西却只拍了一张。另外，曼西公布照片的时间也值得怀疑，为什么要两年后才公布呢？不过从现有的条件和证据还无法证明照片是假的。要想真正辨别这张照片恐怕还需要多些时日。

ABC 与 FBI

2003年，为了一项探索节目工作，动植物通信研究所在尚普兰湖使用声音测位器寻找水怪，不久后回声定位设备记录到一些声音，分析这些声音听上去很像是鲸鱼或者海怪，而且目前已知的生物中没有发出这种声音的，但是尚普兰湖内有没有鲸鱼类生物存在，唯一的解释，只能是海怪，是这样吗？谁也无法确切得知。

2006年2月22日，美国广播公司(ABC)播放了一段有关水怪的录像，这段录像在《早安美国》节目中播出：宁静深蓝的天空，如柳絮般的云朵，葱郁的树木以及环绕四周的群山，让尚普兰湖看起来像是个温泉。然而此刻"温泉"表面却不平静，有东西在不断地涌动。接着有水怪头部探出湖面。这段视频长达两分钟，是目前已知关于尚普兰水怪时间最长的影视资料。

这段视频的拍摄者是佛蒙特人迪克·阿佛尔特和继子皮特·伯迪特，在2005年，他们二人前往尚普兰湖钓鱼，发现湖面在涌动，因而拍下了这段视频。美国广播公司还专门请教了两位图像分析专家，这两位专家都曾在联邦调查局工作过，他们看过视频并进行画面分析后，得出的结论是视频是真实的，非人工合成。

从视频中可以看到该生物不断地张口或闭口，水怪露出水面的部分和尼斯湖水怪很相似，难道说，尚普兰湖中的水怪也跟蛇颈龙有关，或者是条鳗鱼，还是不为人知的远古生物或是神秘新生物，又或者只是人们的错觉。

可以说几十年来，关于水怪的传闻非常多，声称见到水怪的人更多，但关于水怪的照片和视频却少之又少，已知的仅有曼西拍摄到的照片和美国广播公司播放的这段视频，对这仅有的照片和视频人们的怀疑也不少，而且仅凭这点证据是证明不了水怪的存在的。

然而不久后，出现在 YouTube 网站上的一段视频引起了人们的注意，该视频的标题为《尚普兰湖湖水怪目击过程》，短时间内就获得了 6 万的点击率，这段视频长达两分钟，其拍摄者是埃里克·奥尔森。

在 2011 年 5 月 31 日凌晨，埃里克起床去湖边健身，当他观看湖面时发现湖中有个未知生物在湖面游动，有时潜入水中，有时浮出水面。他立即拿出手机进行拍摄，从视频中可以看到未知生物在水平游动，而且速度还很快，可以看到水下的身体和水面呈直角，就像根直立的木头似的。当时有很多媒体去采访他，他都拒绝了，也拒绝了美国广播公司的评论邀请，但是他告诉伯灵顿新闻媒体记者关于视频的拍摄过程。

这段视频引起了轰动，在互联网上传播开后，很多生物学家、动物学家也瞄上了这段视频，其中包括洛伦·科尔曼，他是《揭示尚普兰湖水怪之谜》的作者，对尚普兰湖水怪可谓是深有研究，他认为目前虽然关于水怪的传闻很多，但都缺少证实水怪存在的证据，如果这段视频能够证实水怪的存在，那么将会成为最重要的影像资料，对于这样的证据，我们需要很多，从而揭开尚普兰湖水怪之谜。

桑德拉·西的女儿也在网上观看了这段视频，很感兴趣，用她自己的话来说，她从小就是听着水怪的传闻故事长大的，坚信湖中有水怪的存在，而且从目前的证据来看，水怪存在的可能性是非常高的。很多年前，她和家人就曾目睹过水怪出现的场景。

那天是个下午，她和家人去湖边游玩，突然湖面浮起一个巨型生物的头部和颈部，她很快便将此与传说中的水怪联系起来，水怪的头部和视频中的水怪头部很相似，脖子细长，这次的经历让她确信湖中确实有水怪存在。她认为水怪是尚普兰湖送给世人的一个神秘礼物，应该好好保护这个湖泊。

2008年，美国鱼类和野生动物局联合对尚普兰湖中的鱼类生物进行研究，与佛蒙特部鱼类及野生动物组织合作，调查结果显示，在尚普兰湖中鱼类的数量变化有些难以解释，有时周期性增长，有时则周期性衰退，而且这些变化都是在短时间内发生的。科学家无法解释这种现象。很多人认为可能跟湖中的水怪有关。

这个想法只是人们的猜测，美国鱼类和野生动物局并没有做出有关这种现象的解释。

探索者们的怀疑

有些人深信尚普兰湖中有水怪，有些人则持否定态度，当然更多的是持怀疑态度，对于目击者所见到的现象，他们给出了各种解释，如可能是浮木、礁石，可能是具有浮力的浆沫石，也可能是水獭，这些都有可能让人们误以为看到了水怪。不过目前很多科学家坚信在湖中确实存在某种尚未人知的生物。

斯考特·玛迪斯是位水怪研究者，早在许多年前，他就已经在尚普兰湖边安了家，他认为要想研究水怪，就要从水怪的源头开始调查，比如几千年前就开始流传的水怪故事。经过调查得知，在很久以前，尚普兰湖与海洋是相通的，但是因为某种原因导致尚普兰盆地里的咸水逐渐干涸。流入北边的圣劳伦斯河，这样一来，海洋与湖泊的通道就被关闭了。

此时，湖泊中有不少海洋生物，而湖泊慢慢地转变成淡水湖，这些海洋生物会面临着两种结局，一个是死亡，一个是适应环境，适应淡水，甚至因此而产生变异生存下来。有科学家猜想，会不会当时恰好有鲸鱼被困在尚普兰湖中，如若如此，湖中的水怪是鲸鱼的后代。但是玛迪斯不这么认为，他觉着湖中的水怪应该是蛇颈龙。

蛇颈龙是种远古生物，已经灭绝了6500万年，蛇颈龙是用肺呼吸的，所以虽然在水中游动，但是仍需要浮出水面呼吸氧气。蛇颈龙的特征就是脖子细长，尾巴很短。根据目击者所描述的，脖子细长像蛇，身躯庞大，背部有驼峰似的隆起，这些描述和蛇颈龙有很多相似之处。

对于玛迪斯的猜想，伊丽莎白·冯·玛根塞勒持反对意见，她从小在湖边长大，对于水怪的传闻早已娴熟在心，毕业后，她成了一位声学家，特长是为动物录音。伊丽莎白曾带领团队来到她的家乡进行考察，他们在尚普兰湖深水区进行录音，结果他们确实录到一种奇异生物的声音，这种生物是目前尚未得知的。通过分析后伊丽莎白认为这种生物很有可能是水怪。

该生物具有回声定位的能力，在海洋中，鲸鱼就是靠着回声定位来辨别周围环境里物体的位置和种类，而这种生物也具有此种能力，从录到的声音来看，很像是杀人鲸。

伊丽莎白还讲述了一件事，在1849年，当时一条铁路正在紧张修建过程中，这条铁路连接佛蒙特州勒特兰和伯灵顿。两位工人正在湖区进行挖掘，突然发现了一具非常大的骨骼，工友们凑上来议论纷纷，大家猜测这可能是马匹或者牛等动物的尸骨，但是这块骨骼交到地质专家扎多克·索普森手中后，他认为这块骨骼具有非常重要的意义。

扎多克·索普森是位地质学者，他在研究骨骼后得出结论，这块骨骼至少有1.2万年的历史了，是鲸鱼的骨架。在早初，尚普兰湖曾与海洋相通，因而发现鲸鱼的骨骼并不奇怪。这一发现似乎也在暗示着湖中的水怪很有可能是鲸鱼的后裔。

因此，越来越多的人倾向于湖中水怪就是类似鲸鱼或者恐龙类型的生物，但是也有科学家认为可能是海洋中的某种未知生物，而且许多湖泊中的水怪很有可能就是这种未知生物。水怪是恐龙的说法有点站不住脚，从目前已知的视频录像来看，水怪很有可能是哺乳动物，而不是爬行动物，而恐龙属于爬行动物。

目前已知的尚普兰湖水怪视频有两个，一个是美国广播公司公布的，还有一个是埃里克·奥尔森放在YouTube网站上的视频，生物学家们在观看视频后，认为视频中的生物并不是传说中的水怪，相反，很有可能是某种野生生物，比如是一只在水中游渡的麋鹿。

本·雷德福是《怀疑的探索者》杂志的主编，也是《神秘湖泊》一书的作者之一，他认为湖中的水怪很有可能就是鹿，如果人们继续在尚普兰中探索，结果只能是无功而返，并认为人们可能将湖面上一些无法辨别的现象都看作是有水怪存在。如不明生物出现在天空中，就会被认为是飞碟之类的；如果出现在陆地上，很有可能被认为是野人；出现在湖中就会被认为是水怪。

他还说，目前并没有证据证明水怪存在，事实上，我们都没有发现水怪的尸体残骸，这是没有道理的，即使发现不了完整的尸骸，但是比如牙齿、骨骼等，考察了这么久应该有所发现的，而且水怪要想在湖中生存下去，应该有繁殖种群。

很多人喜欢将尼斯湖水怪跟尚普兰湖水怪联系起来，甚至将其称为是美国版的尼斯湖水怪，但是专家亨利·H.鲍尔却不这么认为。他认为不该将两个不相关的动物联系起来，而且两个水怪也没有相同之处，如尼斯湖水怪皮肤很粗糙，还有疣状物，但是尚普兰湖水怪的皮肤是光滑的。

其实他的观点有点偏激了，尚普兰水怪和尼斯湖水怪确实存在相似之处，很多报纸都曾报道过，而且从曼西拍摄的照片和尼西照片相比较，可以看出两者确实有着相似之处,至少脖子和头部是很相似的,其他差异可能是因为角度和位置等原因造成的。

20世纪初,查茨斯基成立一个调查小组,专门调查尚普兰湖中的异常现象,小组人员采访目击者,搜集有关尚普兰湖水怪的资料,甚至还在湖面上布控进行监视,但是收获无几。为了保护尚普兰湖中的水怪,他还和桑德拉·曼西一起去说服议员,将尚普兰湖纳入法律保护中。

除非有充足的证据证明尚普兰湖确实真的存在水怪,否则探索者们的怀疑将会继续下去,但这种怀疑并不全是坏事,毕竟很多新发现都是由怀疑开始的。相信在不久的将来,这些怀疑者们将会拿出更多的证据来证明水怪并不存在,当然也有另外一种可能,证明湖中确实有水怪存在,但这些都是需要时间的,让我们拭目以待。

纷纷扰扰的后续

值得一提的是尽管YouTube网站上那段视频的拍摄者奥尔森以及照片的拍摄者曼西都认为湖中确实有水怪存在,但是只有他们二人的证词是无法让人们相信湖中确实存在水怪。不久后,人们对于水怪又有了一个新的解释,即水怪就是长鼻雀鳝,是硬鳞鱼亚纲的一种,鲟鱼也属于此类。

乔·尼凯勒是《湖怪之谜》一书的作者之一,也是著名的调查专家,他早年在调查尚普兰湖现象时，从渔民口中得知了长鼻雀鳝的存在，渔民称他的朋友曾钓到一条长鼻雀鳝，体长在2米左右，他认为所谓的尚普兰湖水怪就是长鼻雀鳝。

2011年8月，当地一家媒体曾经报道过，从美国广播公司公布的录像视频来看，水怪的头部看起来很像是短吻鳄。尚普兰湖的传说是从塞缪尔·德·尚普兰开始的，当时他在日记上描述了所见到的"尚普兰湖水怪"：该动物体长约1.5米，很像是北美狗鱼，不过这种动物的牙齿很锋利，口鼻都很长，从描述来看，尚普兰描述的似乎就是长鼻雀鳝。

这种动物主要栖息于淡水湖中，牙齿非常尖锐，因此也被称为长嘴硬鳞鱼或颚针鱼。从外形来看，很像是生活在史前的鱼类，其全身呈长筒型，头部很小很尖。虽然身躯并不庞大，但是却属于非常凶险的食肉鱼，会攻击它所遇见的所有鱼类，因而它所在区域范围内很少有鱼类生存。

长鼻雀鳝善于装死，这是它的捕食方式，等猎物靠近时才遽然发起致命的一击。在遇到劲敌时，有时也会装死逃过一劫。不过因为在它生存的区域内很少有鱼类，因而被渔民看作是眼中钉，经常下湖捕捞。

虽然有人认为长鼻雀鳝是水怪，但是就像不能辨别水怪是否存在，长鼻雀鳝是否是水怪也无法进行辨别。

不过对于尚普兰湖水怪，《怀疑的探索者》杂志主编雷德福认为，目前还没有确凿的证据证明湖中确实有水怪，因为并没有发现水怪的尸体残骸、骨骼，甚至是一颗牙齿，目前所谓的证据都是照片、视频，但是都模糊不清，无法分辨。至于目击者的证词，更是众说纷纭，矛盾重重。

尚普兰湖水怪之谜虽然无法辨别真伪，但是其却给当地人带来而来丰厚的利润，成为当地最主要的收益来源之一，很多城镇将尚普兰水怪作为吸引游客的招牌,如佛蒙特州有只业余棒球队,球队名为佛蒙特湖怪队。如果你在当地游玩,你会发现尚普兰水怪的标志无处不在,包括洗车公司,甚至还有以水怪为原型的吉祥物,印着水怪图案的T恤等。

如今仍然不断有人声称发现了水怪,也有人拍摄了很多张照片,但是都不能证明水怪的存在,以及水怪是何种生物,这个谜底有待于进一步揭晓。

第七章
巨兽沧龙的发现之旅

地球上 70%的面积都是海洋，海洋不仅是地球生命的诞生地，而且在海洋中还有着数不尽的生物，已知或者未知的。据调查在几千万年前，海洋被沧龙所统治，它们是当之无愧的王者，世界各地仍流传着关于沧龙的传说，沧龙的发现之旅就此开启！

巨大的史前蜥蜴

在荷兰南部、比利时和德国的边境之间，有座城市叫马斯垂克，是荷兰最古老也是日照光最久的城市。马斯垂克在荷兰很有名气，它除了拥有景色迥异的自然景观外，其独特的地形也是令人称奇之处。荷兰的地形都很平坦、低洼，只有马斯垂克是个例外。这里有超过1000米的杜里兰登峰，也有采石造成的圣彼得堡洞窟地形，当然让这个地方更有名气的，是关于沧龙的传说。

在圣彼得堡石窟内，墙壁上有许多挖掘工人绘制的图案，大多数都类似涂鸦，还有很多古生物的化石，这是由于在几千万年前，这块区域还是汪洋一片，在这里生活着多种远古生物，后来由于地壳运动或是火山爆发，汪洋大海变成了陆地，一些海洋生物被埋在地底下成为化石。据说这个石窟在战争期间曾被用来当作防空洞和躲避炮火的庇护所。洞内漆黑一片，而且道路迂回曲折，很容易就会迷路，因而当地人除非有必要，也很少进入这里。

不过后来，圣彼得堡名声高涨，一些附庸风雅的社会上层人士或者探险者常来此处观看各种涂鸦和化石。

1776年，当时在圣彼得堡石窟附近有座要塞，天气好的话，站在要塞上，就能俯瞰整个马斯垂克的全貌，因而其具有很重要的战略意义。有个驻守在此地的军官叫德劳因。德劳因是个化石谜，搜集了许多珍奇古怪的化石，这些化石大多都是从采石工手里得到的。德劳因如果不炫耀，那么说不定发现大蜥蜴就是他了。偏偏他是个喜好热闹的人，经常将收藏的化石展示给其他人看。军医霍夫曼就是其中一位，和其他观望者不同，霍夫曼也希望能够拥有一些化石。

因此，霍夫曼经常和采石工聊天，并让他们将发现的化石交给他。由于去的次数很多，采石工渐渐和霍夫曼熟悉起来，从那以后，霍夫曼总是先人一步得到化石，不过化石也是分等级的，获得最多的都是些等级不高的，霍夫曼期待有一天能够获得较高等级的化石。

1780年，采石工们在深30米左右的地方挖掘到了一块化石，看起来像是生物的下颌骨，化石跟石块连在一起，可以看出年代感，即使对化石一窍不通的人也明白，眼前的化石绝对是个宝物。得知消息的霍夫曼欣喜若狂，很快来到采石场。查看化石后，他按捺住内心的激动，给采石工们一笔辛苦费，并希望工人能帮助他将化石采出来。

化石跟石头紧密联系，要取得化石，必然要先将石块敲掉。为了保证化石的完整，在处理石块时采石工们小心翼翼，花了好几天时间才将石块敲掉。消息很快传开，成为当地最具话题性的新闻。

霍夫曼虽然是军医，也懂得一些化石知识，但是他左看右看，仍看不懂眼前的化石究竟是什么，于是他只好请人帮忙鉴定。请到的这个人是著名的解剖学家坎珀。坎珀曾经创造性地解决了很多难题，据他推断，这个化石很有可能是古代鲸。主要是根据化石的尺寸大小估计的。但是坎珀的儿子却不这么认为，他认为这个化石很有可能是海洋蜥蜴化石。父子二人争持不下，谁也无法说服谁。不过在霍夫曼心里，倾向于海洋蜥蜴之说。如果是海洋蜥蜴的话，那么这块化石可算得上无价之宝。霍夫曼很高兴，他日思夜想得到的化石宝物如今得偿所愿。

然而不久后，这个消息传播到戈丁神父耳中，发现化石的那块土地就属于戈丁所有，因而在听说化石是宝物后，戈丁便有意将化石抢夺过来。毕竟是在自己的土地上发现的，自己才应该是拥有者。两人争闹不休，戈丁将霍夫曼告到公堂，罪名为侵占教会财产。戈丁是神父，在当地很有威望，教会成员都支持戈丁，教会向法庭施压，最终法庭被迫让步，判决霍夫曼败诉，立即将所得化石交给教会。

霍夫曼没想到会是这样的结果，一想到化石即将归他人所有，就感到心悸郁闷，抑郁寡欢。法庭判决下来后，他拒不执行，直到几年后他去世，这块化石才到了教会手上。霍夫曼的悲剧就在于他个人的力量很难与当地教会势力抗衡，否则判决结果也许会改变。

得到化石后，教会专门修建了一个小礼堂，将化石放在玻璃神龛供奉。不久后，教会拥有化石的消息传播得越发广远，甚至整个欧洲都知道了这件事，教会也因此名声大噪。

1795年，虽然法兰西共和国成立3年了，但是整个欧洲都笼罩在战火阴云中，拿破仑所带领的军队所向披靡，被世人称作是战神，每次征服一地，必然会进行大量的掠夺，被征服之地的财产、艺术品、化石、收藏品等等都会被抢走送到法国。马斯河紧紧依靠马斯垂克，战略位置很重要，西班牙与法国对此势在必得，因而战火不断，马斯垂克的居民也因此受到牵连。

这一年，法兰西共和国的军队开始征讨马斯垂克这个小镇。马斯垂克虽然是个小镇，但是其驻守的兵力并不少，法军总指挥皮什格鲁将军下令用炮火攻击马斯垂克，他在命令中还特别备注了一条，不准对戈丁的小教堂进行攻击，因为那里藏着化石。皮什格鲁曾是拿破仑的老师，知识渊博，谈吐不凡，早就听说过化石并对此垂涎三尺，此刻有机会得到化石，他怎么舍得让化石在炮火中化为灰烬呢？

戈丁仔细查看了法军的军事部署，炮火不断地落在小教堂的周围，却没有一颗落在小教堂范围内，戈丁想了想，很快明白了法军的意图——夺取化石。戈丁好不容易才得到了这块化石，自然不希望被他人夺走，思虑再三，他决定将化石藏起来。

他抱着化石在镇上东奔西跑，还要躲避炮火，也许是他运气好，总之炮弹没有伤害到他，他顺利地将化石藏了起来。

马斯垂克被攻破后，皮什格鲁将军便领着士兵径直来到小教堂，然而翻遍周围也没有发现化石的存在，皮什格鲁意识到可能是有人将化石藏起来了。于是，他宣布凡是帮他找回化石的人，赏赐葡萄美酒600瓶。在美酒的诱惑下，有人说出了化石的藏匿之处。第二天，这块无价之宝化石就出现在皮什格鲁将军面前，他很高兴，怕夜长梦多，立即命令士兵小心翼翼地护送化石回法国，呈放在法国巴黎自然历史博物馆中。

获得珍贵化石的消息在法国引起了很大的轰动，法国著名动物学家居维叶听说后，便动用关系进入博物馆，对化石进行研究。居维叶曾研读过各种书籍资料，尤其是关于历史生物的资料，但是面对化石，他实在想不出这是属于哪种生物的，他只能仔细地研究化石的特征，然后将它跟历史上的生物就行对比，用了几个月的时间，他终于得出结论，这个化石和海洋蜥蜴有着紧密的联系。

海洋蜥蜴也早已灭绝，不过书籍上有不少关于其特征的记载，居维叶也不敢百分百确信，眼前的化石就是古时蜥蜴，只能说两者关系很密切。

随着近代科学逐渐确立，这块化石也得到了人们的重视，1829年，这块化石被命名为"霍氏马斯龙"，霍氏指的是霍夫曼，用他名字命名表示纪念。马斯龙则是指化石是在马斯河附近发现发现的。在翻译时，杨钟健将此翻译为沧龙。这个翻译一直沿用至今。杨钟健是中国古脊椎动物学先驱，著名的自然科学家，他一生著作颇丰，是位让人尊重的科学家。

如今，这块化石依然躺在法国博物馆中，被法国人视为国宝。人们普遍认为这块化石是世界第一具沧龙化石，然而有生物学家发现，还有比霍氏马斯龙发现更早的化石，即珍藏在荷兰博物馆里，于1766年在马斯特里赫特发现的。

生物学家在调查时发现，霍氏马斯龙化石发现的时间并非是1780年，时间可能更早，在1770—1774年间，如果是这样的话，很有可能在霍夫曼和戈丁之间发生一些不为人知的事情，或者是霍夫曼故意隐瞒，戈丁也许并不是抢夺化石，而是真正的拥有者，而霍夫曼则可能是掠夺者，不过对于此，证据尚不充分，无法得出准确的结论。

海洋蜥蜴和现在的蜥蜴有什么不同呢。生物学家认为它们是亲戚关系，其成员还有蛇。沧龙属于鳞龙次亚纲中的蜥蜴目。沧龙属于沧龙亚科。从目前来看，生物学家关于沧龙和蛇以及现代蜥蜴的关系还有所争论，有的认为沧龙和蛇关系更密切，有的则认为和现代蜥蜴关系更密切。

最初沧龙属于一种小型的蜥蜴，叫做古海岸蜥。它身躯很小，体长在90厘米左右，攻击力有限，后来由于受到恐龙等生物的威胁，蜥蜴被迫逃入海洋中，演变为完全的海生生物，而在数百万年的时间里，蜥蜴也在数百万年的时间里变成了 20 多米的沧龙。有科学家认为，在所有的陆生生物转为海洋生物中，沧龙是转型最成功的一种。

在海洋中，沧龙的主要食物来源有金厨鲨、海龟、菊石、鱼龙、薄片龙等。金厨鲨是远古鲨鱼的一种，强悍凶猛，善于捕食，但仍不是沧龙的对手，一只沧龙可以对抗数只金厨鲨。薄片龙脖子很长，曾经是海洋世界的霸主，但是后来逐渐没落，甚至沦为沧龙的食物。这不得不让人唏嘘，也许真应了"物竞天择，适者生存"这句话，有些远古生物在转化为海洋生物适应海洋环境后，却逐渐没落。只有沧龙好像变得更强、更壮、更快，开始了它们成就海洋霸主的进化之路。

德国亲王的功绩

沧龙曾经称霸整个地球，这个结论是得到了验证的。自从人们在马斯河发现第一块沧龙化石后，其他化石也相继在世界各地被发现，可以说全球的每个角落都有沧龙骨骼化石。

美国新泽西州也发现了多块沧龙化石，最早发现的沧龙化石是在 19 世纪 30 年代，发现者是德意志维德——新维德亲王马克西米利安，他是位贵族，统治着一个名叫新维德城的小城。

马克西米利安是位杰出的探险家，他曾经和风景画家博德曼到处游玩，去过很多国家，沿途中绘制了很多美景，都是当时真实景观的再现。在游历密苏里河时，他们发现了不少新物种，如巴西龟，其名字就是二人所取的。两人还发现了许多沧龙化石，二人知道沧龙化石的重要性，因而想方设法将化石运回国内，沧龙化石在国内引起了轰动，马克西米利安将这些化石全都安置在博物馆里。如今，前往波恩的古登福斯博物馆，仍可观看到这些化石。当然在观看这些化石的同时，不要遗忘了风景画家博德曼。

说到沧龙，很多人会想，沧龙和恐龙有什么关系呢？沧龙是恐龙吗？这要从第一块恐龙化石被发现开始谈起。

英国南部有个苏塞克斯郡的地方，此区域内还有个叫刘易斯的小村庄，村庄里有位名叫曼特尔的医生。在治病之余，曼特尔最大的爱好就是收集化石，在他的影响下，曼特尔夫人也渐渐对化石产生了兴趣，而且还颇有造诣。

1822年3月，曼特尔按照惯例去村里给人看病。这天，曼特尔回家很晚，守护在家的曼特尔夫人觉着家里很冷清，于是外出去寻找曼特尔。

当时乡村正在修建公路，她小心翼翼地走着，唯恐碰到石块或坑而被绊倒，很多地面都暴露出地表的岩石，突然一些在发光的东西吸引了她的注意，她蹲下仔细打量这些会发光的东西，竟然是某些生物的牙齿化石。牙齿比寻常生物要大很多，曼特尔夫人想，要是丈夫看到这些化石说不定有多高兴呢。于是，她不再前去寻找曼特尔，而是将这些化石带回家。

曼特尔很晚才回到家，刚打开门，他就被放置在桌面上的化石所吸引，这些化石的牙齿很大，结构很独特，拥有如此巨大牙齿的生物，想必身躯十分庞大。不过，曼特尔无法确定眼前的化石属于什么生物。不久后，他还陆续找到了类似的许多化石。

为了弄清究竟是什么生物化石，曼特尔找到了居维叶。居维叶是法国著名的动物学家，不过他也没有识别出眼前的化石，他认为可能是河马的。但是曼特尔对此并不认同。后来，他认识了一位伦敦皇家学院博物馆的工作人员，当时他正在研究沧龙化石，结果发现沧龙牙齿化石和曼特尔所带来的牙齿化石十分相似。曼特尔认为他所发现的化石很有可能就是沧龙的同类，于是将之命名为蜥蜴的牙齿。

后来，随着科技的发展，人们才发现蜥蜴的牙齿是错误的称呼，正确的称呼应该是恐龙的牙齿。虽然曼特尔等人的称呼是错误的，但是他的发现对研究沧龙产生了深远的影响。当时，曾有科学家认为沧龙和恐龙都是由巨型蜥蜴发展而来的，但是后来才发现这种观点是错误的，而且沧龙和恐龙从血缘上来看，只能算是远亲。

那么，沧龙有哪些特点呢？沧龙的头部相较远古时期更加强壮，牙齿更为锋利，呈圆锥形，上颌有双排牙齿，牙齿向内，呈倒钩状，这样的牙齿排列有个好处，那就是一旦猎物被咬住，就会被倒钩状的牙齿牢牢勾住，无法逃脱。沧龙的双颌在咬合时，能够产生巨大的作用力，虽然不像早期沧龙那般将整只猎物吞下，但是作用力足以将猎物撕裂成一块一块的，科学家推断，沧龙可能就是以这种方式进食的，当然对于块头较小的猎物，沧龙会选择一口吞掉。

沧龙在游泳时摇晃身体，然后借助尾巴的力量前进，这种方式不适合远距离游泳，但是在短距离内，这种方式是非常快速而且有效的。试想下，沧龙埋伏在水草或者岩石下，等到猎物靠近时，猛然发动攻击，然后用牙齿咬住猎物，此时猎物就成了它的食物。沧龙没有浪费这种优势，它成了海洋中最善于隐匿的猎手。

沧龙的嗅觉和视觉很发达，舌头是主要的嗅觉器官，耳朵则由于构造独特，能够将声音放大，就像是扩音器一样。科学家认为，沧龙能够发出一种压力波，从而更好确认猎物的位置，和蝙蝠使用超声波来定位相似。

转变为海生生物后，沧龙的四肢开始退化为短小的鳍，这样在水中游泳就能改变方向，因而沧龙不能上岸。沧龙的身体逐渐长成桶状，从外形来看，很像蛇。沧龙用肺呼吸，和鲸鱼一样，隔段时间就需要浮出水面换气。

沧龙成为地球的霸主之一，全世界各地的海洋都有它们的身影。吃饱后，沧龙就在海岸附近的领域慢慢游走，它有时也会捕食鲨鱼或者蛇颈龙，生物学家曾发现一枚化石，化石上有沧龙撕咬鲨鱼的痕迹。

关于繁衍，沧龙是卵生动物，它一胎大概生育4—6只幼龙，这和其他海洋生物繁衍数量相比，实在是太少了。为了保证幼龙能够顺利成长，沧龙往往会待在幼龙身边，直到幼龙能够独当一面。也有生物学家认为，这些幼崽平时是躲避在秘密的海藻丛中，以躲避其天敌。

不过对于沧龙幼崽的生活环境，目前还缺少有力的化石来作为证据，不过，如今科学家已经通过电脑还原沧龙幼崽，相信不久后，将会解开更多有关沧龙的秘密。

深海之王

8500万年前，属于侏罗纪时代，提到侏罗纪，恐怕所有人都会想起恐龙，那时确实是恐龙称霸陆地的时代，不过在漫长而深邃的海洋里，也生存着一个霸主——沧龙。沧龙在海中所向披靡，任何生物都有可能成为它的食物，它们摇晃着巨大的尾巴，宣告着王者出巡。沧龙属于沧龙科，不过目前这科有些复杂，因为生物学家不断地把一些新发现的物种归为沧龙科，一边将原有的种类进行调整，有些紊乱，但这都是暂时的，生物学家很快就会将其调整好。

海王龙是早期在海洋中生活着王者之一，它可谓是目前已知的沧龙科中最有名气的，又被人们称为是瘤龙、节龙。海王龙生活在恐龙称霸陆地的时期，不过后来也因为某种原因而灭绝了。

在海洋中，海王龙像巨无霸般的存在着，它是一种凶狠残忍的肉食性动物，体长可达数十米。如此庞大的身躯，所需要的食物也是非常多的，因而海王龙通常将一些体型较大的滑齿龙、蛇颈龙等作为食物。除了拥有超快的速度、锋利的牙齿外，海王龙还有个令敌人胆战的特征，那就是非常有耐心。一旦被它视为猎物，它就会锲而不舍，猛追不止，不追逐到猎物不罢休，颇有一种王者气势，即使那些最善于躲藏、游泳速度最快的鱼类，见到海王龙也会惧怕无比。

这一点得到了证实，1987年，古生物学家在美国一个科技学院地质博物馆的一具海王龙胃部残留物的化石中，发现其中竟然有硬骨鱼、鲨鱼、连椎龙等，说明这条海王龙在被埋在地底之前，确实曾捕捞过这些生物，因而说，海王龙的食物是多种多样的，只要能够填饱肚子，海王龙想必不会拒绝其他生物。

在捕获猎物后，海王龙是如何进食的呢，生物学家专门做了一个试验，以此来了解海王龙的进食方式，首先根据化石还原海王龙的头部，打造出一个实物大小的头骨，用钢铁打造颚骨，以气动装置来提供动力，他们找来一个泡沫塑料当作猎物，试验结果表明猎物很有可能被海王龙一口咬死。另外通过测验发现，海王龙一口就能吞掉1.2米长的猎物，也就是说像那种七八米长的猎物，它几口就可以吞掉，而且猎物被咬住后，就会被钩住，逃跑的可能性几乎为零。

在海王龙进化过程中，遇到的最大的对手就是鲨鱼，尤其是巨型的金厨鲨鱼。在海王龙之前，以及海王龙出现的早期，海中霸主就是鲨鱼，双方所在的领域相同，经常会碰到，为了食物常常会发生争战，不过早期海王龙经常会败下阵来。后来，随着海王龙不断地进化，其身躯变得更加庞大，牙齿也更加锋利，速度也变快了许多，这时，金厨鲨鱼就不再是海王龙的对手，曾经的海洋霸主金厨鲨鱼变成了海王龙的口中食物。

同样强劲的对手蛇颈龙也成为海王龙的食物，海王龙因此站在了食物链的最顶端，成为海洋中最成功的掠食者。当然，海王龙要想将金厨鲨鱼、蛇颈龙当作猎物，也要付出一定的代价，从目前发现沧龙化石来看，绝大多数都是伤痕累累的，不少伤痕都是在捕食猎物中留下的，因而说沧龙一直过着一种极为混乱、暴力的生活，当然这种生活也让它们变得更加强壮。

海王龙是独居性动物，在自然界中，这好像是强者的标配。它们通常只有在繁衍后代时，才会找其他同类，沧龙类是卵生动物。在2001年，生物学家考德维尔等人在考察一具沧龙化石时，在其腹腔内发现了三个小幼龙化石，这个发现有利证明了沧龙是卵生动物。

在海中争霸后，海王龙的战争开始蔓延到同类身上，同时海王龙的进化逐渐多种多样，有的开始迁徙到淡水湖中、河流中，如果不是发生例外，一些海王龙甚至会演变为陆生生物，到时海王龙可就是海洋、陆地的双王者了。

但是，突如其来的一场灾难，结束了海王龙的王者时代。生物学家认为这场灾难很有可能是由外来彗星引起的，彗星落在地球上，释放出巨大的能量，导致地球上地震、火山爆发、海啸等，大气中充满了灰尘，遮挡住了阳光。整个地球陷入黑暗中，许多生物在这场灾难中遭受了灭顶之灾。

海王龙灭绝后，取代其成为霸主的是海诺龙。海诺龙和海王龙可能有关，甚至可能是由海王龙发展而来的。其名字是由生物学家杜罗在1885年所取，因为在比利时海诺附近发现，因此命名为海诺龙。

海诺龙自从出现以来，就一直站在食物链的最顶端，这得益于它有锋利的牙齿、庞大的身躯，体长长达10多米，快速的游动速度。在已发现的一些海诺龙化石胃部遗留物中，发现有海龟碎片。

1995年春天，美国堪萨斯州洛根镇还非常寒冷，市民都躲在家里，围着烧得通红的炉子喝着热乎乎的茶水，有的还捧上一本书，美滋滋地看着,当然也有不少人选择了在家中睡懒觉。然而就在这寒冷的天气里,却有一个人在外辛勤着寻找着什么,这个人叫布森。

布森是个退休农场主,退休之前一直在打理农场,退休后便追寻自己的爱好。未退休前,布森一直不断地学习古生物知识,随着时间流逝,其知识积累越来越丰富,这次出门,他想寻找一些古生物化石,但是天气比他预料中要寒冷很多。

尽管所在地以前曾发现不少沧龙化石,但是布森的心情还是有些郁闷,他一面不停抱怨着天气的恶劣,一面不断地寻找化石,找了半天仍一无所获,他有些失望,便想着离开。突然,他发现在前面不远处的山坡上,似乎有块大骨头凸了出来,布森很高兴,走上前去,他越看越觉得像是沧龙的下颌,不过情况有些似乎不对,沧龙下颌的牙齿通常是尖锐而锋利的,而眼下这具化石牙齿看起来像是小圆球。布森知道,这具化石很有可能是球齿龙。

球齿龙是沧龙中最为特殊、最奇特的一种,数量很少,很罕见。布森喊来不少人前来挖掘,然而最终也只得到了球齿龙那具化石。

美国目前一共找到了5具球齿龙化石,最早的是在阿拉巴马州发现的,被命名为阿拉巴马球齿龙,此后在南达科他州发现了2具此类化石;德克萨斯州发现了1具,再加上布森发现的,总共5具。

通过生物学家研究发现,出现时间越晚的球齿龙,其牙齿越坚固,这可能是由于生存需要,球齿龙在不断地进化。不过目前为止,球齿龙化石数量很少,而且尚未发现完整的球齿龙化石。

不过此时,球齿龙已经演变为靠吃贝类为生的动物,它们不再像海王龙或者海诺龙那样,凶悍矫勇,其牙齿也逐渐由锋利向圆润转变。圆球状的牙齿很适合捕捉一些乌龟、贝壳之类的生物，而且相比锋利的牙齿，圆球状的牙齿在咬破坚硬的外壳上更有优势。

1951年，美国生物学家坎普曾经把沧龙的一种分类取名为浮龙，因为这类沧龙很适应水上环境，这是最先进的一种沧龙。只从外形来看，就可以发现浮龙和鱼龙有很多相似之处。浮龙生活在白垩纪晚期的海洋中，不过经常在离海岸不远的浅水处游动，尾巴很长，尾巴后端还出现了隆起，叫扁平肉质鳍；四肢已经进化为阔鳍，前鳍已经像鱼龙那样细长，平时以鱼、贝壳、乌贼等为食。

从浮龙身体特征来看，它更能够适应水生环境，相信假以时日，沧龙甚至会演化为鱼类。不过遗憾的是，一场突如其来的灾难打断了沧龙的进化之路，不管是海王龙、海诺龙、球齿龙以及浮龙，都在灾难中遭到了灭绝，成为传说。

每当人们在仰望大海时，浪花滔滔，海声阵阵，人们总是会想起这些曾经称霸海洋的巨型生物……

生命的记录者

时间洪流滚滚而过,有人说时间是最无情的,因为一切在时间面前都是微不足道的,都会成为过去;也有人说时间是最公平的,每个人每天都只有 24 小时,但是生命相对于时间来说,实在是太渺小了;有人说时间是无痕的,但是时间却在大地埋下了一种神秘的东西,透过这种东西,我们可以看到生命的演变过程,那就是化石——生命的记录者。

特纳是美国达拉斯市雪松岭镇人,是个懂得化石价值的人。他在很小的时候就开始寻找各种化石,将其中较好的化石用来收藏,其他化石则拿去卖掉,赚取一些生活费用。

1989 年某天,大雨滂沱,特纳仍然在外寻找化石,他来到一个貌似废弃的小工地,上面的土已被挖掘机挖开,在雨水的冲击下,泥土慢慢被冲洗掉,岩石逐渐露了出来,特纳仔细地查看岩石。

来之前,他曾经做过调查,知道此地在 9200 万年前还是片汪洋大海,生活着无数海洋生物,后来沧海变桑田,如果给他足够的时间,此地一定会找到化石的。突然他眼前一亮,发现一个被挖掘机切断的脊椎骨的断面石块。

他蹲下来查看,脊椎骨杂乱着分散着,有的是单个,有的是两三个联系在一起，他挪动脚步，东看西看，不久便做出了判断，这是沧龙化石。从化石的颜色来看，便知化石年代已久，脊椎骨很分散，但是特纳估算，应该可以拼出一条完整的脊椎。

但是这些分散而杂乱的脊椎骨要想取出来并不容易，而且要等到雨天才能进行挖掘，一方面雨天便于挖掘，能够省不少力气；另一方面雨天可以作为遮挡，这样就没人知道他在做什么，他可是听说有不少人在挖掘化石时，遭到了其他人的抢夺。要想拼出完整的脊椎，就必须保证脊椎骨的完整。在挖掘时，为了迷惑他人，他常常故意在周围转悠几圈，这样别人就不能顺着脚印找到他。

不久后，他终于收集齐了脊椎骨，拼成一条相对完整的脊椎，不过特纳虽然对古生物以及历史很有研究，但他看了很久仍不知眼前的这条脊椎属于什么动物，但是他相信这具化石具有非常重要的意义。虽然他经常会卖一些化石维持生计，这具化石如果要卖，能卖出不菲的价格，但是他没有这么做，反而无偿捐给了达拉斯自然历史博物馆。博物馆工作人员对化石并没有太在意，而是当作普通化石，循例放进库房，直到多年后，这具化石才被人识了出来。

2000年年初，古生物学家波尔欣为了寻找化石来到了博物馆，在库房中，他看到了这具脊椎化石，脊椎骨数量很多，但每个都很精致，看起来很吸引人，潜意识中，他觉着眼前的这具化石和其他化石不一样，很可能会有新的发现，或者说是具有很高的价值。于是，在征得博物馆同意后，他便开始研究这条脊椎化石。

不过研究的过程总是漫长的，尤其是这种稀少的沧龙化石。目前，保留原始体态的化石很少，全世界也不超过5具，而且都是在其他国家和地区发现的，至少美国还没有发现。眼前的这条脊椎化石跟沧龙的原始体态会不会有一定的关联呢？

特纳一直在关注这具化石的动态，在听说波尔欣正在研究化石后，很是激动，他一直盼望着有天有人能够解开这具化石之谜。

沧龙化石的出现引起了科学家们的注意，在研究过程中，科学家们推断出沧龙和陆上的巨蜥有着很密切的关系，而且很有可能是陆蜥进化而来的。陆生生物在转化为海生生物的初期，必然会保持着某些特征，如早期的沧龙会保持着类似蜥蜴爪的形状。

为了判断出这条脊椎究竟处在沧龙的哪个时期，波尔欣翻阅了大量书籍，还跑了很多化石收藏地点，和目前已发现的沧龙化石进行对比。这个过程是漫长而曲折的，对特纳来说，每天几乎都是煎熬。

化石的价值很大程度与公布时间先后有关，如相同的化石，第一个公布的会更吸引人们注意。特纳担忧有人也发现了同样的化石，要是抢先一步公布，那么特纳的发现就难以引起人们注意了。其实波尔欣也同样着急，他也希望能够早点找出化石的真相。

这个过程持续了 5 年。2005 年 3 月的《荷兰地质科学杂志》上刊登了波尔欣的研究成果，报道说：这具化石揭示了蜥蜴在进化为沧龙的过程，蜥蜴本来是陆生动物，后来由于天气变暖，海平面上升，为了争夺食物，陆生动物竞争很激烈，有些动物为了更好地生存下去，逐渐演变为海生生物，而这具化石显示的就是这时的沧龙。沧龙后来适应了海洋环境，在中生代成为海洋霸主，是海洋中最成功的掠食者。

波尔欣根据化石发现的地点和发现者特纳的名字，将这具化石命名为"特氏达拉斯龙"。

科学家们还用计算机成像的方法，将达拉斯龙还原。复原图上可以看到，达拉斯龙体长约一米，已经初步具有沧龙的形态，能够初步适应海中的环境，还保留着蜥蜴的爪，四肢将会逐渐进化为鳍，鼻孔也还保留着蜥蜴时的形状，长在头部前方，这时的达拉斯龙既能在陆上奔跑，也能在水中游泳，可以说是两栖动物。达拉斯龙虽然有陆上行走的能力，但是却被科学家认为是沧龙家族成员。

　　达拉斯龙的出现，表明沧龙在进化过程中并不是单一的，而是多种多样的，很复杂的平行发展。可以说，环境怎样，沧龙就会有怎样的进化，沧龙家族成员所处的环境各不相同，也导致其进化的不相同。达拉斯龙很接近沧龙的起源，具有非常重要的研究价值。由此可以看出，早期的沧龙并不是后来那样的巨无霸，而是由长约一米的蜥蜴逐渐演变过来的。

　　2004年12月12日，波尔欣打电话邀请到专业的雕塑家麦克米伦，请他根据电脑的复原图制作出和实物大小相同的达拉斯龙雕塑来。麦克米伦对此很感兴趣，挂掉电话后，便和妻子驱车来到波尔欣的研究所。麦克米伦的妻子是他的助手。

　　二人首先观看了化石的尺寸，并绘制了一幅草稿图，然后观看电脑复原图，虽然有电脑复原图，但是要想将其变成雕塑，是件非常不容易的事情。需要解决的问题很多，需要弄清达拉斯龙的身体特征，在某些特定环境下，其表现形式是怎样的，其尾巴是怎么放置的，四肢又是如何放置的等等。

　　经过调查后，麦克米伦听从波尔欣的建议，达拉斯龙是只刚由蜥蜴进化而来的沧龙，其形态可以模仿蜥蜴，两者会有很多相同之处。

　　麦克米伦首先锻造头部，用热黏土倒模出样本，然后烘干，制作好后交给波尔欣检查，后者会提出建议，然后进行修改，如此反复，直到头部形状符合波尔欣的想象。

接下来是制作身躯主干，麦克米伦用长铜条作为支撑骨架，然后用黏土覆盖，皮肤的表面则用铝箔来做，然后用细细的铜线将其与身躯主干联系起来。

再往下，就是制作四肢。四肢看起来很简单，但制作起来难度却非常大。四肢制作好后，就是用填土来塑造实体模型，即不断地用泥土填充，让它看起来"有血肉"，当然，其外表皮肤最终会用铝箔来制作。用黏土填充好后，麦克米伦将其放置在烤箱中烘干。

耗时6个月，模型终于完成了，只差最后一步皮肤制作了。这一步至关重要，要刻画出皮肤表面的鳞片来，鳞片的制作主要是参考沧龙鳞片化石制作的，制作出来后，可以看出其很光滑，而且呈矩形。

将皮肤安装好，鳞片放置好，然后将四肢、主干等联接起来。这样，达拉斯龙的外形基本上算是出来了，最后是达拉斯龙的眼睛。制作眼睛需要一定的技术，要栩栩如生，要生动传神，要让人如同看到鲜活的生命，关键就在眼睛上。眼睛是用环氧树脂制作而成的，在制作的过程中要格外注意眼球和眼睑，要给它们"化妆"。不久后，就可以看到一双闪闪发光的眼睛，在注视着观看它的人。

这具看似简单的雕塑从研究、画草稿图、对比、制作模型到最后成为成品，花费了接近一年的时间。雕塑于2005年11月陈列在达拉斯自然博物馆供人们参观，加深人们对达拉斯龙的印象。

从古至今，在地球上生活过的生物不计其数，有些生物因为某种原因而惨遭灭绝，但是化石会记录它们曾经存在的痕迹，为后人留下信息，当然留下化石的终究是少数，无数的生物在地球上出现，或者曾有过辉煌的时期，然而最终还是成为过眼云烟，无痕无迹，只有那些足够幸运的生物才会成为化石，向人们展示曾经的辉煌……

科学家的最新发现

生物惨遭灭绝后，人们便无从知晓他们的消息，除非是有载体记载，如化石、书籍等，其中，化石被人们视为生命的记录者。但是化石能够提供的信息也是有限的，何况在漫长的岁月中，很多化石都变成了岩石，能够流传下来已属不易，身躯完整的化石更是少之又少。如沧龙化石，全世界都找不出几具完整的化石，不过目前发现的沧龙化石有些保留了软组织结构，这为研究沧龙提供了另一个途径。

瑞典的科研人员在研究一具化石时，发现里面竟然还有内源性蛋白，这种蛋白属于Ⅰ型胶原蛋白，是种细胞外蛋白质，骨头中这种蛋白含量很丰富。这个发现具有非常重要的科学意义，这将对研究沧龙提供巨大的帮助。

化石的形成是非常不容易的，要经过上万年甚至几十万年，还要有相应的条件才能形成，在化石中发现蛋白物质就更不容易了，如今发现的蛋白物质，在地底埋藏了7000多万年，这种情况还能找到蛋白物质，可以说是奇迹了。

当然在此之前，曾有其他科研人员试着从化石中寻找胶原蛋白物质，在恐龙化石中曾发现过这种物质。这次瑞典研究人员动用了最先进的红外显微分光检查，才在沧龙化石中发现蛋白质物质，同时还进行了质谱测定和氨基酸分析，结果显示其确实是原生的生物分子，不是因为某种后来因素形成的。

一般来说，原生软组织和内源性生物分子的保存条件很苛刻，首先是骨头化石的大小，越大越容易保存，在相对较小的骨骼中则难以保存；其次是受环境影响，在河相砂岩环境中容易保存，在海洋沉积环境中则难以保存。当然也会有例外，如这次在沧龙化石中发现蛋白质物质就是在相对较小，而且是海洋沉积环境中保存下来的。

在以往对沧龙的研究中，由于缺乏相应的软组织，导致其研究受到了很大的限制。只是通过化石得到的信息是很有限的，尤其是对海洋生物来说，只有通过研究其软组织结构，才能得出它们在当时的状态，以及其身体特征。

科学家在研究中发现，这块沧龙化石表面上有鳞片和皮肤的印痕，表明沧龙在游水时能够利用这些结构来减少水的阻力，减少摩擦。沧龙在游水时主要靠身体和尾巴的力量来提供动力，身体前部摆动越小，尾巴摆动越大，那么在水中的速度就会越快。沧龙的适应能力很强，在目前已知的由陆生生物转变为海生生物的动物中，沧龙所使用的时间是最短的。

2013年，美国地质学年会会议上，有科研人员报道了在一具沧龙化石化石中发现了其胃里竟然还包括了其他沧龙的遗骸，这表明，在白垩纪时期，沧龙这个海洋中最顶尖的掠食者，会以同类为食的。

在会议上，报告这项发现的是脊椎动物古生物学家路易斯·雅可布，他进一步补充，在化石沧龙腹部的几个沧龙属于不同的沧龙物种。这似乎表明古代时期的海洋生态系统和如今的海洋生态系统有着相似之处。

这块沧龙化石于2006年在安哥拉南部名为本蒂亚巴的地方，是在大西洋岸边的荒地以及沙石峭壁之处发现的，这个地区发现的化石种类很多。在白垩纪时期，这片地区在非洲岸边，后来由于地壳运动才移动到现今位置。虽然发现得很早，但是直到2010年才展开挖掘工作。

等化石被挖掘出来后，科学家们看到沧龙的腹部才意识到，这具化石记载了这条沧龙最后一餐的伙食，腹内的3条沧龙，它们的牙釉质已经被胃酸溶解，其中有条比较小的沧龙整个被吞入腹中，而另外两条沧龙体积比较大但并不完整，主要是头骨和脊椎。雅克布认为，这表明沧龙吞食的可能是同类沧龙的尸体。

此地区发现的化石很多，光沧龙的就有7个，还有2个蛇颈龙化石、9个鲨鱼和鳐鱼化石、4个海龟化石，还有相当数量的鱼类化石，科研人员认为此处化石之所以丰富，可能受到信风的影响。在古时，这一带受到强风影响，导致海底丰富的营养物质漂浮到海洋表面，因而吸引了大量的浮游生物以及一些大型掠食者。另外，强烈的风能够将别处的尸体吹到这边，然后和本处的动物尸体一样被吹到岸边。这也是该地区化石种类、数量之所以这么多的原因。

科研人员还从那具沧龙化石内发现还有其他生物，并作进一步的解析，资料越多，人们对沧龙的了解就会越详细。

2014年，科学家在匈牙利发现了一具淡水怪兽的化石，经过调查后发现这具化石竟然属于沧龙类，其已有8400万年的历史，也就是说淡水怪兽是早期沧龙的一种。此前科学家一直认为,沧龙是由陆生生物转化为海生生物的,是海洋中最成功的掠食者,但是没想到有在淡水中生存的沧龙。

这种生活在淡水中的沧龙体长可达6米,外形与鳄鱼和鲸鱼有些相似,脖子并不像蛇颈龙那般细长,其生活环境与淡水海豚相似,这是被发现的第一种在淡水中生存的沧龙物种,第二种则是在岩石中发现,是块骨骼化石。科学家认为,这是蜥蜴在演变过程中除了转为海生生物外,还有很多转变为淡水生物。

这个发现打破了以往科学家的想象,有科学家说:"从来没有想到,沧龙竟也有生活在淡水中的。"

沧龙之谜还有很多,需要更多的化石来解开这些秘密,如今科学家们不断地寻找、挖掘沧龙化石,相信随着化石的增多,将会有更多与沧龙有关的秘密被揭发。

第八章
远古鱼龙的奥秘

鱼龙是一种类似鱼的大型海栖爬行动物，曾一度是最高的水生食肉动物，和恐龙生活在同一时代，但是比恐龙灭绝要早2500万年，这个曾经是巨无霸的物种，究竟隐藏着什么奥秘呢，为什么会灭绝呢？

小女孩的发现

在古时，由于恶劣的环境，或者为了更好的生存，有些陆生生物逐渐演变为海生生物，演变过程是漫长而曲折的，大海深邃无边，要想在其中生存，首先要会游泳，这是演变过程中的第一道考验；接下来，就是呼吸问题，总不能一直在海面游泳吧，再说海洋上层的食物很少。在海里游泳，就要解决如何用肺进行呼吸；第三就是繁衍后代的问题，只有如此，才能让后代继续生活在海洋中，演变成真正的海生生物。可以说，这3个条件哪个都不容易达到，但是仍有动物很好地解决了这3个问题，比如鱼龙。

当人们在面对陌生以及未知生物时，往往会根据已有的观念和知识作出判断。实践是检验真理的唯一标准，只有通过不断地实践，人们才能真正地认知事物，从古至今，都是如此。

1708年晚秋，澄清的天空像是水晶般一尘不染，朵朵白云，就像镶嵌在白色绸缎上的花朵，夕阳西斜，红彤彤地投影在湖水中。掉落的树叶则让秋天显得更加萧条凋敝。此时，在德国阿特多尔夫镇郊外，有两个人正沿着道路慢吞吞走着，边走边不时地回头张望，好像后面有人在跟踪他们。这两个人都是著名的生物学家，一位名叫畲赫泽，一位叫兰汉斯。

他们之所以如此小心谨慎，并不是做了什么见不得人的事情，而是要做一些生物研究。但在当时，宗教的权势非常大，生物研究与宗教教义有冲突之处，因而宗教是不鼓励搞生物研究的，所以研究人员不得不小心谨慎瞒着教会。

到了绞刑场。两人明确分工，畲赫泽站在刑场外负责把风，兰汉斯负责进入刑场，收集做研究用的标本。兰汉斯平时就比较胆小，这时一人进入刑场更加觉着恐惧，再加上担忧被教会发现，在收集标本时，双手颤抖个不停。突然间，有一块石灰岩闪闪发光，好像有八道光一般闪耀，他走上前，发现石灰岩中有几块黝黑的脊椎骨，他很害怕，来不及思考，但是潜意识觉着这可能是个好的研究标本，于是将石灰岩捡起，抛到刑场外面。

天逐渐变黑，两人都有些风声鹤唳、草木皆兵，因而只从石灰岩中挖出了两块脊椎骨，便匆忙逃走。

畲赫泽是瑞士人，学识渊博，精通多门科目，但是最喜欢的还是生物学，他曾经撰写过一篇《鱼儿的诉苦和呼吁》的文章，他认为鱼儿之所以变成化石，就是因为受到人类的牵累。其实他们发现的化石就是鱼龙化石。

自此以后，又有人发现了鱼龙化石，不过当时这些化石并没有引起人们的注目，也许是受宗教教义影响很深，他们认为这些可能是受人类牵连而变成化石的鱼类。事实上，当时的人们缺乏对鱼龙的认识，就算是生物学家也仍然不能辨别这些鱼龙化石，如生物学家居维叶将鱼龙化石认为是大鲵，在今天看来，无疑令人啼笑皆非。

1803年，英国一名叫霍克的牧师发现了第一具完整的鱼龙化石，不过当时霍克牧师并没有识别出这是鱼龙化石，反而将它当作常见的鳄鱼化石，他始终没有向世人报告他的发现，所以也很少有人得知他发现了这么一具重要的化石。他将化石放在地下室里，一放就是许多年，当他再次想起、得知其价值时，前去地下室寻找，结果却发现化石不翼而飞。

玛丽·安宁于1799年在英国南部多塞特郡的莱姆里杰斯出生，她是个命运多舛的人。玛丽15岁时与兄妹们在户外遭受了雷击，众人中只有她幸存了下来。而她之所以在古生物学史上能留下名字，就是因为她发现了一具完整的鱼龙化石。

玛丽从小生活就很苦，因为常常想着如何为家庭分忧，她经常到海边捡贝壳或者四处寻找化石卖给有钱人，以赚取些钱财。1811年，玛丽只有12岁，这天她再次来到了海边，突然不远处的一块黑黝黝的岩石吸引了她的注意，她走过去，发现岩石上竟然有种带花纹的东西，在阳光折射下闪闪发光。她蹲下来仔细查看，发现这种带花纹的东西像是某种鱼类，有嘴，有狭长的脊椎，不过后半部埋在岩石里，尽管如此，这块化石比她以往发现得要大得多，完整得多。于是，在家人的帮助下，用了接近一年的时间，才将这具化石从岩石中取了出来，期间由于受到雨水的冲刷，化石被掩盖的地方也逐渐露了出来。化石很完整，玛丽非常高兴，她想这具化石可以卖出个高价了。

据说这具化石长达3米，很重。玛丽发现大型化石的消息很快就在小镇传开，不久后，消息传播到伦敦，当时英国的解剖学家霍姆听说后，便驱车前往玛丽家查看化石，并将其购买下来。不过霍姆并未能识别出眼前的化石，而是认为这是某种鱼类的化石，后来有人认为可能是蝾螈，并将化石命名为蝾螈龙。

玛丽卖出化石后，家里的生活条件并没有得到改善，她仍然需要四处寻找化石来贩卖补贴家用。1821年，玛丽又发现了一块化石，属于蛇颈龙亚目化石。这具化石后来被生物学家命名为蛇颈龙，并制作成了标本。1822年，玛丽又发现一具重要的翼龙化石，这具化石也很完整，后被命名为双型齿翼龙。

可以说这3具化石的发现成就了玛丽，使她成为名垂千古的化石采集大师。当然，玛丽挖掘化石的动机并不是出于科研，她只是希望挖掘出更多、更好地化石以换取更多的钱财维持家庭生活。这点，倒也无可厚非，毕竟这也是玛丽迫不得已的选择。

玛丽发现的那具鱼龙化石，直到1821年才被生物学家识别出来。当时大英自然史博物馆的柯尼希对霍姆的研究并不认同，他用了一年的时间去研究这块化石，结果发现此块化石与鱼螈鲵有着很大的区别，他认为这是鱼和蜥蜴的过渡生物，并为其命名为"鱼龙"。

不久后，又有众多生物学家对这具化石进行了细致、深入地研究，其中包括康尼贝尔、居维叶以及其他各国的生物学家，这些生物学家都是大名鼎鼎的知名人物，然而即使是他们仍然要耗费不少时间。居维叶认为鱼龙有点像是由各种生物组合而成的，锋利的牙齿和鳄鱼很像，四肢很像鲸鱼，脊椎则像普通鱼类，头部很像蜥蜴，这真是现实版的"四不像"。

1835年，布兰维尔将鱼龙列为一个单独的纲，生物学家不断地完善，为这个纲进行了分类，即鱼龙目和蛇颈龙目。经过考察和研究，生物学家认为这具化石是生活在迄今1.7亿年的鱼龙化石，这是历史上第一具较为完整的鱼龙化石。

玛丽的发现具有非常重要的意义，它揭示了生物是会灭绝的，而在当时，人们认为生物是不会灭绝的，化石的出现是受人类的拖累而形成的，任何奇怪的现象都是由不为人知的生物所造成的。鱼龙化石的发现让这种说法不攻自破，失去了根基，让人们的思想得到进一步的解放。这项发现在《自然科学会报》上得到刊载，玛丽的名字也因此被世人熟知。

如今在很多科普读物中，玛丽·安宁的名字经常出现，不过大都将她塑造成励志的榜样，比如说玛丽从小就立志要成为生物学家之类的，这和事实有些出入，但不管玛丽挖掘化石的动机是什么，她所作出的贡献却是得到了众人的认可，即使在未来，也是如此。历史不会亏待那些作出卓越贡献的人。

神秘的关岭鱼龙

从鱼龙化石的发现，到最后的确认，可以用一波三折来形容，但是人们总算弄清了鱼龙并不属于鲸鱼、鳄鱼之类，也不属于蝾螈、蜥蜴之类，而是一种独特的鱼形爬行生物，是一种由陆生生物转化为海生生物中的一员。自从鱼龙在2.4亿年前出现，鲨鱼称霸海洋的世界就结束了，鱼龙逐渐发展壮大，风头一时无两。鱼龙统治海洋世界大约7000万年的时间，鱼龙的种类逐渐变得丰富多样，在中国贵州也存在一种让世人迷惑的海洋怪兽，其实怪兽是鱼龙的一种，人们将它称为关岭鱼龙。

古地质学表明，在两亿年前，贵州这片区域曾经属于海洋，后来因为某种原因，沧海变桑田。在关岭地区，生物学家发现了一个庞大的生物群，生物群中就存在着鱼龙化石。关岭地区群山环绕，地形崎岖，云雾缭绕，再加上野兽层出不穷，环境恶劣，因而人烟罕至。

1944年，出于对考古的热情，两名学者模样的人来到了贵州，经过打听，得知了关岭所在，然后他们聘请了几位挑夫，前往关岭地区查看。在关岭他们发现了鱼龙化石，这些化石距今至少有两亿年的历史，两位学者很激动，然而正当他们兴高采烈时，一伙土匪突然冒了出来，几位挑夫也在瞬间变了身份，原来是由土匪装扮的。学者的行囊中并没有多少财物，行囊外表看起来很大，是因为里面放了很多化石。土匪见劳动半天所获如此甚少，便动了杀心，两名学者被杀害。其中有名学者名叫许德佑，是著名的生物学家。

1998年，两位生物学家在贵州的某奇石市场上发现了一块形状怪异的化石，生物学家学识渊博，但是一时仍无法判断出这究竟是哪种生物的化石，于是将其购买下来，带回研究所深入研究。

不久后，在贵州地区有种说法开始流传，形状怪异的化石原来竟是鱼龙化石，是在恐龙之前2500万年就开始称霸海洋世界的爬行动物。这个消息传开后，湖北宜昌地质所专家很震惊，因为奇石市场跟当年许德佑遇害的地方很近，而且都属于关岭。不久后，地质所便决定前往调查，领头人是地质学家陈孝红。

不过当时众多生物学家虽然听说过鱼龙的名字，但是对其却一无所知，在出发前，他们搜集了与鱼龙有关的资料。当时国内还没有专家研究过鱼龙，当然在世界上，自从玛丽发现那具完整的鱼龙化石后，世界各地生物学家也就将此当作是重点研究对象。

鱼龙的身长最可达20多米，是种神秘的海洋怪兽，英国、德国等国家相继发现鱼龙化石，不过鱼龙的外形看起来很像鱼。20世纪在国内安徽等地发现的鱼龙化石，发现其外表很像蜥蜴，这表明安徽发现的鱼龙生活年代要更久一些。经过了300多年的研究，鱼龙仍是扑朔迷离，谜底众多，生物学家们束手无策，只能等待更多更好的化石被发现。

陈孝红经验很丰富，在出发之前，还对关岭地区能有什么发现作出种种猜想，他们尽可能解放思想，大胆想象，但是等他们到达关岭后，才发现等待他们的是超出所有人想象的奇迹，用奇迹形容不足为过。

关岭地区是各民族聚居的地方，几百里内都是山区，道路崎岖，很难走。从20世纪90年代开始，当地人就已经知道在附近的山头上可以挖到化石。有时在田地劳作时，都会无意间挖掘出形状怪异的石头来。后来，有不少人前来收购这些石头，当地人见石头竟然能够卖钱，于是更加勤快地在山区挖掘，得到更多的石头，卖出好的价钱。

陈孝红等人到关岭后，首先参观了当地的一个仓库，仓库中堆积着很多化石，都凌乱地散放着，陈孝红等人很高兴，感觉这次来对地方了。其中数量最多的是花石，这是当地人取的名字，实际上，在几十年前，许德佑等人发现的化石也是这种，学名叫海百合化石。

不久后，他们在一个乱石坑中发现了菊石。菊石并不是现生动物，而是一种早已惨遭灭绝的海生无脊椎动物，它的出现表明这块区域地质层应该是三叠纪晚期，那么，以往发现的鱼类化石也应该属于这个时期。

晚二叠世时期，由于某种原因，类似于彗星撞击地球，冰川世纪等大灾难，生物大量灭绝，在早三叠世才慢慢地恢复了元气。然后中、晚三叠世时期，生物逐渐发展壮大，种类繁多，然而这时又发生了一次中型生物灭绝事件。关岭地底下所埋藏的是一个超出众人想象、庞大的古生物王国，所以当陈孝红等人开启这个王国的大门时，不由得被眼前的景象所惊呆了。

形状怪异、姿态各异的化石就沉睡在其中，有保存完整的，有碎成好几块的，有连贯在一起的，有分开很远的，有聚集在一起的；种类也很丰富，有海百合、菊石、双壳类、众多的鱼类以及海生爬行动物等，这是一个数量众多、保存完好、种类丰富、举世罕见的生物化石群。在沉睡几亿年后，仍能保存这么完整，呈现出生物群落的生存状态，实属不易。通过对生物群化石的考察，可以大致推断出两亿年前关岭地区生物群的出现、发展到死亡的这一过程。

对于地质学家来说，这无疑是个巨大的挑战，也是百年不遇的课题，如果能将其解开，必然会举世轰动。

生物群中有不少菊石化石，这表明生物群很有可能是在三叠纪晚期整体灭亡的，而在三叠纪晚期，曾发生过一次中型生物大量灭绝事件，生物群中的生物是不是在那次灭绝的呢？谜底众多，陈孝红一时有些束手无策，后来他决定将鱼龙化石作为头号研究对象。也许能够从鱼龙化石的研究中，找出生物群灭亡之谜。

他们从当地收集了一些鱼龙化石，然后返回宜昌地质所。陈孝红打算就在所内展开对鱼龙的研究。

首先吸引他的是一具并不完整的化石，很碎片，只保留住了鱼龙尾巴。尾巴未和岩石分开，需要费些时日才能将其从岩石上取下来。尾巴很粗很圆，陈孝红知道，陆生生物在演变为海生生物的过程中，其尾巴会不断地变长，变扁，而眼下鱼龙的尾巴则是圆的，同时根据发现的菊石化石推断，关岭生物群所处的时期应该是三叠纪晚期，这个时期在鱼龙演化史上应该处于中期，尾巴应该是扁平的，但是眼下却不是如此。陈孝红有了一个大胆的设法，关岭的鱼龙会不会因为进化过慢或者进化失败而导致其灭亡的。

当时运回宜昌地调所的鱼龙化石是非常有限的，要想得知鱼龙是否因为进化不顺而导致的灭亡，就要对整个关岭生物群中的鱼龙做个调查，不能单凭眼下的鱼龙尾巴就作出判定，这种行为是非常轻率的。

就在这时，其他科研人员也取得了不错的进展，其中有个进展似乎推翻了之前的结论。

这次从关岭地区带回了不少菊石化石，所内有个专门研究菊石的专家名叫徐光洪。他对从关岭带回的菊石化石进行分类，然后选择了其中的两种菊石。对外行人来说，所有的菊石都是大同小异，颜色、形状、大小等都没有太大的区别，但是在徐光洪眼中，所有的菊石都是不一样的，都有着差异之处。他所选择的两种菊石有个相同的特点，其边缘处都有明显瘤状凸起。

如果他猜测对的话，这种菊石的出现必然会推翻陈孝红等人之前的猜测。因此，徐光洪必须谨慎对待，他翻出了许有关菊石的研究资料，发现与自己所猜想是一致的，这竟然是块粗菊石化石。这代表什么呢？代表菊石化石形成的时期是卡尼期。

卡尼期距今约 2.26 亿年，属于三叠纪晚期，但是比起诺利期要晚 1 千多万年。而陈孝红等人所推断的生物群在中型生物灭绝事件中发生的，这起事件属于诺利期，也就是说这两者对不上，徐光洪的研究成果代表着陈孝红等人所推断的是错误的。

李志宏是研究牙形石的专家,他从关岭生物群中找到了一些很细小的古生物的牙齿化石,将其放置在显微镜下进行研究,结果发现牙形石形成的时间也属卡尼期。这表明,关岭生物群所形成的年代应该是卡尼期。

这样一来,原来的猜想全都被打破,要想得知关岭生物群的灭亡原因需另辟蹊径。一时间,考研工作陷入混乱中,陈孝红有些手足无措。

陈孝红只好从鱼龙化石着手,他每天都在仓库里清理研究鱼龙化石。沧桑的鱼类化石每一片骨骼背后都似乎隐藏着无穷的秘密,通过它,也许能够揭晓古生物王国曾经发生的离奇灭亡事件,不过究竟是什么原因引起的呢?

在陈孝红紧张研究鱼龙化石的同时,其他科研人员也在进行分工研究,希望能够从多角度、多途径找出生物群灭亡的原因,但是这个过程是漫长而曲折的。不久后,研究腕足类的曾庆銮提出了一种新的观点,让研究之路再次陷入迷茫之中,他认为关岭生物群似乎生活在浅海区。

众所周知,鱼龙是在深海区生活的,如果说生物群所在地属于浅海区,这个地区为什么会聚集这么多的鱼类呢?这点让陈孝红等人百思不得其解,但是这更加坚定了陈孝红研究鱼龙的决心。

当然并不是所有人都认同从鱼龙着手研究,科研人员汪啸风则认为,即使破解了鱼龙的死亡之谜也未必就能解释生物群的灭亡,他打算扩展目前的研究方向。汪啸风此前负责研究海百合化石,令他惊讶的是,关岭地区的海百合数量竟然这么多,而且大都保存得很完整,有些细枝末节也能很清晰地显示出来。

一般来说,海百合死亡之后,再也无力抵抗水流,很容易就被海水冲散,很难聚集在一起,除非是那种类似于海碗,面积又小,海水静止的环境中才能聚集。然而从生物群来看，这里好像并不符合这种环境。只有另外一种解释，就是以往关岭地区的环境必然是十分特殊的，究竟怎么个特殊法，汪啸风一时也想不出来，所以他打算从环境着手进行研究。

不过即使众位科研人员有些差异，但是大家都是朝着同一个方向努力，即解开生物群灭亡之谜。工作似乎逐渐步入正轨，一步步靠近谜底。陈孝红在研究鱼龙化石时，发现了一些很特别的现象。

有具鱼龙尾巴化石，在尾椎上面竟突然还有比尾椎还要大的神经棘。这个现象以往从未发现过。

另一块较为完整的鱼龙化石，体型并不算大，头部、脊椎部、躯干、四肢、尾巴部都很清晰，轮廓清晰，结构完整，但是鱼龙的后肢则显得有些笨拙，似乎是人工雕刻出来的，经过仔细考察后，他发现后肢的材质有些不同。后来，陈孝红才知道，原来当地人每天挖掘化石、卖化石，便渐渐对其中有些了解，知道什么样的化石能卖出高价，于是他们伪造出一些化石来，将不完整的化石组装完整，或者将不够独特的化石弄得独特些。

这些都给陈孝红的研究带来一些困难，但是他很快便将注意力从这些奇怪的化石身上转移，转而注重对鱼龙身体的各个部位进行分解研究。

眼前是一条长七八米的鱼类头部，最惹人注目的就是一双大眼睛，约占整个头部的1/5，眼睛四周的骨骼十分发达。陈孝红想，这样的眼睛很适合在光线极低的深海区生活，唯有这样的眼睛才能灵活地在海底寻找食物。但是问题又来了，既然鱼龙是生活在深海区的，那么为什么会来浅海区的关岭呢？在它的身上究竟发生了什么？研究人员苦思不得其解，只好从其他方向入手。

在研究中，陈孝红还发现鱼龙的背部没有鳍，鳍最主要的作用就是保持身体的平衡；没有鳍，鱼龙就需要分出一部分力量来维持身体平衡；另外鱼龙的尾巴非常长，一定长度的尾巴对游泳速度是有帮助的，但是过长的尾巴就会成为拖累。眼下的情况就是如此，尾巴几乎占据整个体长的一半，这显然对游泳是极为不利的。

当然这些缺点并不构成鱼龙灭亡的隐患，而且科学家发现鱼龙的尾巴已出现演变的迹象，如果不是发生灭亡事件，鱼龙的尾巴会慢慢地成为尾鳍。

总之，关岭所发现的鱼类化石显示这是一种接近鱼类的海生爬行动物，它有着双非常大的眼睛，而且嘴部很大，牙齿锋利，有利于捕获猎物，其尾巴也开始出现演变迹象，另外在腹部前后还有前鳍和后鳍。从种种迹象来看，鱼龙的灭亡肯定会有外在原因的，绝不会因为自身原因而导致灭亡的。

尽管陈孝红掌握了大量的鱼类化石，也能够复原出在三叠纪晚期鱼龙的大致形象，填补了以往鱼龙研究中的空白之处，但是仍没有找到鱼龙灭亡的原因，关岭生物群灭亡的原因，而且证据似乎指向鱼龙的灭亡和关岭生物群的灭亡没有太多的联系。

是不是关岭地区无法提供充足的食物而导致鱼龙灭亡的呢？

在陈孝红的指挥下，宜昌所的切片车间工作人员正在对鱼龙胃部化石进行研究，将胃部化石进行切片打磨，从中找出胃部残留物切片，然后放在显微镜下观察，这样就能分析出鱼龙在灭亡之前的食物状态。调查结果显示，当时关岭地区的食物很充沛，能够满足鱼龙所需。

另外，陈孝红还发现呈怀孕状态的鱼龙化石，经过仔细观察，发现在化石中竟然还有10多条小小的脊椎,这些都是尚未出生的小鱼龙胚胎化石。

有着充足的食物,正常的繁衍,正常的演化过程,这似乎表明,鱼龙在关岭这片浅水区生活得很好,除非遇到突发意外情况,鱼龙是不可能在关岭地区集体灭亡的,但是究竟发生了什么样的意外呢?此时,另外一个问题也浮出水面,那就是鱼龙为什么会集中到这片浅海区呢?

最后陈孝红决定从鱼龙为何从深海区来到浅海区进行研究,这是目前看来唯一有望解开谜底的途径。

唯一的解释是在几亿年前,这里是神奇的浅海区,有着无穷的魅力,因而才会让本在深海区生活的鱼龙前来,让数量众多的生物聚集在一起。

汪啸风的研究也取得了不错的进展,在研究过程中,他发现了大量的黑色岩石,对其进行碳氧同位素测试,结果显示,在这些岩石中有机碳的含量非常高,这是只有在极度缺氧的环境中才能形成的。另外,这似乎也能解释海百合保存完好的原因,在缺氧的环境中,海百合不能被氧化,因而保存得很好。

而且在关岭地区的很多地方都找到了这种黑色岩石,看来在几亿年前,关岭地区曾经一度面临严重缺氧的窘境,这个地区为什么会缺氧呢?缺氧是不是造成生物群集体灭亡的原因呢?

最终研究人员得出的结论是:在几亿年前,关岭地区地处亚热带气候的海域,这里气候适宜,环境温暖,食物充沛,吸引着原本在深海区域生活的鱼龙也迁徙到这里,曾经度过一段繁荣的生活。然而好景不长,突如其来的地震或者火山喷发导致地壳运动活跃,使得地质板块运动导致关岭地区逐渐变成了一个局限性的海域,来不及逃回海洋的鱼龙被迫留在这里，但是随着关岭地区海洋生物越来越多，而导致海水中的氧气逐渐稀少、淡薄，一些抵抗力较弱的生物开始灭亡，大量脊椎动物和无脊椎动物逐渐走上灭亡之路。在这样的环境中，强悍的鱼龙也无法坚持得太久，不久后鱼龙也灭亡了。尸体沉在海底并掩埋了起来，再加上海中缺乏氧气，因而能够防止尸体氧化分解，这就为化石的保存完整提供有利的条件。

鱼龙游上了喜马拉雅山

喜马拉雅山是世上最雄伟壮观的山脉之一，喜马拉雅在藏语中的意思就是雪的故乡，其中喜马拉雅山峰是世界第一高峰，平均海拔超过6千米，外形看起来就像是金字塔，被人们誉为第三极。

因为海拔高，温度极低，再加上常年冰雪覆盖，所以山上动植物不多，尤其是爬行动物，但是在2亿年前，鱼龙是海洋中最成功的掠食者，是当时地球上海陆空三大生态领域的强者之一，其足迹遍布世界各地，其中最让人们惊讶的是鱼龙曾经游上了喜马拉雅山。

在1964年，我国的登山队在喜马拉雅山上发现了鱼龙化石，这个地方是海拔4300米，即使登山队队员站在此处，仍会感到寒冷难耐，氧气不足，很难让人相信鱼龙竟然曾经生活在这样的地方，真不愧是曾经的霸主。

从 1966 年起，我国多次组织针对喜马拉雅山的生物考察，在考察中不断地有新化石被发现，其中包括数量不少的鱼龙化石。喜马拉雅山被称为世界屋脊，在这样的地方，竟然能发现鱼龙化石，考察人员着实开心不已。不过当记者采访时，考察人员对发现鱼龙化石的事情既不肯定也不否认，这是为了慎重起见，在考察清楚后再得出结论，以免信口开河。生物学家在对待科学上的严谨态度由此可得一窥。

喜马拉雅山白雪皑皑，异峰突起，一望无际，到处是冰川雪花，鱼龙原本是生活在海洋深海区的，它是怎样来到喜马拉雅山的呢？难道真的是游上来的吗？这真是让人难以置信。

事实上，在 1.8 亿年前，喜马拉雅山这片区域还是一片汪洋大海，浩瀚无边，波涛汹涌，浪花滚滚，鱼龙就生活在其中，但是好景不长，由于地震或者火山喷发导致地壳运动频繁，地壳逐年升高，随着时间流逝，沧海变桑田，变成高山，而且至今喜马拉雅山每年仍在以一定的速度增高。在这过程中，原先海中生活的鱼龙有些逃避不及，便被埋在泥土中，假以时日就变成了化石。

化石很快被运回了研究所，这几次发现的化石都交给相应的专家来研究，经过研究，生物学家认为这些化石确实属于鱼龙，而且是鱼龙类中的新属，并为其取名为西藏喜马拉雅山鱼龙。

从外形来看，这种鱼龙和今天的鲨鱼很相似，体长大都 10 米以上，嘴内有锋利的牙齿，牙齿呈扁锥状；眼睛非常大且圆，适合在深海区生活；整个头部呈三角形；四肢已经进化为鳍足，扁平，适合游泳；身体呈纺锤形，尾巴很长，而且很有力量，鱼龙的尾巴在其游泳过程中将会为它提供助力，这使得鱼龙成为海洋中游速最快的生物之一，这也是它称霸海洋世界的优势之一。

从化石上来看,鱼龙尾椎向下折入尾鳍下叶,一开始生物学家还以为这条鱼龙的尾巴受伤了,后来才发现,这是鱼龙在进化过程中的特殊构造,而且随着进化,下折程度将会加深。在早期,这种下折程度会轻一些,甚至看不出来,但是到了晚期下折程度则非常厉害,让人觉得就好像尾巴受了很大的伤害一样,进化到最后,尾鳍的上叶和下叶相差无几,这种进化方式使得尾鳍在游水时就像是摇橹般,能够让鱼龙的游泳速度加快。

根据这些特征,生物学家推断化石产生的时间应为晚三叠世,当时这里还是汪洋大海,可与古地中海相通,所以说鱼龙并不是真的"游"上去的,而是因为地壳运动被埋在泥土中,地壳升高,经过数千万年到达如今的位置。

晚三叠世时期爬行动物种类很丰富,除了鱼龙外,像大多数的蛇类、恐龙、乌龟、蜥蜴等都属于爬行动物。爬行动物一般都是卵生的,到了繁衍季节,爬行动物就会爬到陆地上将卵产下来,然后在陆地上孵成幼仔。如海龟就是如此。生物学家猜想,鱼龙是不是也是如此呢?

后来,古生物学家在研究鱼龙化石时,发现其中有些化石正呈现怀孕状态,证明鱼龙像鲸鱼和海豚一样,可以不到陆上产卵,而是直接生下小鱼龙。生物学家认为,呈怀孕状态的鱼龙化石可以分为两种可能,一种是正常繁衍,小鱼龙活得好好的,而且尾巴会先生出来;第二种就是鱼龙已经死亡,随着鱼龙身体不断地腐烂会产生相应的气体,将小鱼龙推到产道之外,小鱼龙就这样出生了。这种生产方式在鲸鱼中是常见的。

为什么说会先生出尾巴呢?这是因为如果是头部先生出来,小鱼龙很有可能在水中被淹死，而且这种情况也会连累鱼龙，难逃一死。小鱼龙一死就会留在泄殖腔中，鱼龙的活动就会受阻，而且小鱼龙的身体会不断地腐烂，产生有毒物质，鱼龙也会因此中毒。只有尾巴先生出的才能幸运地活下来。当然生物学家在调查中也发现，也有头部先生出来活下来的，如海豚中就有这样的案例，但是成功案例并不多。

另外还有一个情况也是值得注意的，就是一胎多仔。对于在海中的海生生物来说，繁衍是非常危险的，如果是一胎一仔，那么顺利生下来的可能性非常高，但是多仔，其压力和危险性就会大大升高。

每年的6月左右，怀孕的雌性鱼龙就会游到浅海区，一般躲在浅海区的海藻丛、水草丛、珊瑚礁中，这样的环境有利于蛰伏，躲避敌人，同时还提供了丰富的食物。不过鱼龙通常生活在深海区，习惯在深海区捕猎物，很难适应在浅海区捕食，因而在生产后，鱼龙很快就会离开这里。小鱼龙生下来就能够自由游泳，而且他们的成长期很短，几个月后，便能够离开浅海区前往深海区捕食。鱼龙在刚出生时，首先要做的就是浮出水面呼吸，然后在浅海区内寻找食物。

这个结论是根据鱼龙化石得出的，生物学家了发现了许多鱼龙、小鱼龙在一起的化石，有的小鱼龙在骨盆之内，有的则在骨盆之外，因此他们认为鱼龙并不是卵生的，而是产仔的。当然这种说法遭到了人们的质疑，甚至有人提出，这些小鱼龙很有可能是被鱼龙当作食物吞下，并提出了几点理由，其中最主要的就是小鱼龙的骨架大小不一样；第二就是他们认为如果是产仔的话，那么应该是头部先出，如果是这样的话，小鱼龙的保存方向应该是头部朝后，而不是化石显示的头部朝前。

有生物学家对反对说法作出解释，即小鱼龙的骨架不一样，是因为它们处在不同发育阶段的胚胎，成长时间不一样，自然骨架大小也就有区别了。众多鱼龙化石中都出现了这种情况，如果是鱼龙捕食的，那么就有点凑巧了。另外，鱼龙头部朝前的问题，并不能说明什么。关于是否是头部先生出，这个也是难以定论，因为海生生物有的是如此，有的则不，不能以偏概全。

　　目前来说，关于鱼龙究竟是卵生还是产仔生，尚未有明确的结论，不过即使是产仔生，从本质来讲仍然属于卵生，这种生殖方式在生物学上有个学名，叫卵胎生，也被称为是伪胎生。卵胎生指的是卵在母体内发育成新个体然后生产出来的方式，但是在发育过程中，其所需的营养并不是由母体来供应的，而是由卵供应的。在后期会与母体进行气体交换，但是营养一般都是由卵提供。就是以卵养胚胎。我们所知的海蛇、蝮蛇、铜石龙蜥都属于卵胎生。这是鱼龙适应环境的结果。

特提斯海的大眼睛

在几亿年前，我国的青藏高原等地区还是汪洋一片，波涛汹涌，海洋面积非常庞大，横跨欧亚大陆，与西亚、东南亚、南欧、北非等海域相通，这片海域被称为古地中海，也就是特提斯海。这个名字是1893年由奥地利学者E.修斯所取。对于特提斯海的区域范围大小，目前科学家尚未有明确的结论，总之争论不休，特提斯海的地质经历颇为复杂。在三叠纪晚期或者侏罗纪时，这片海域可能就已经消失。

生物学家在此发现了一些碎屑岩，而且岩石的颜色主要是以浅绿色和灰绿色为主，这表明在古时这片海域气候温暖，森林密布，海洋中藻类等植物也很茂盛，众多的动物化石也表明，在这片海域聚集着各种喜暖喜湿的动物，水边还有些大型两栖动物在活动，是海生生物、植物发展茂盛的区域。

不过生物学家又发现了一些红色的地层，经过化验，生物学家发现其化石成分含有丰富钙质胶结、氧化铁，这代表海域内的气候已经不再是过去的那种温湿气候，而是干热气候，在侏罗纪时代，这样的气候是普遍的，且有利于爬行动物的发展。此时大眼鱼龙逐渐成为地球的霸主，在此后的2000万年里，是鱼龙最辉煌的时代。

温暖的阳光倾洒在碧蓝色的海洋中，明晃晃地像是玻璃反射般闪闪发亮，海百合、珊瑚虫、菊石、各种鱼类、鱼龙在海域中自由游弋，成群的鱼儿巡游，树枝树叶漂浮在海面上，一阵风吹来，泛起阵阵浪花，许多生物在追逐着漂浮在海面上的树木，在那光线稀少甚至光线无法穿透的深海区，大眼鱼龙正在游动，闪动着又大又圆的眼睛环顾四周，寻找潜在的猎物……

大眼鱼龙顾名思义就是眼睛很大的鱼龙，从外表来看，跟海豚很相似，胖乎乎，圆滚滚的，体长在2—4米间，呈泪滴形，尾巴很长，四肢进化得很好，当其游泳时，通过尾巴摆动提供推力，四肢也可以摆动，就像是船桨。其眼睛非常大，眼窝直径可达10厘米，这使得它的眼睛特别突出，几乎占据了头颅骨的大部分，在深海区、夜间以及其他光线较为微弱的地方，这种眼睛结构能够帮助它们看清眼前的情景，发现潜在的猎物。另外，我们知道海豚经常会跳跃出水面，这是为了甩掉身上的寄生虫，鱼龙的躯体很光滑，而且游泳速度极快，由此看来，鱼龙也是有可能跃出水面的，想来，鱼龙也会存在类似寄生虫的问题。

在调查鱼龙化石的过程中，生物学家发现大眼鱼龙会高度聚集，而且场地经常不变，他们猜测这很有可能是生产地，而且生产地常常在浅海区，这和鲨鱼的习性似乎有相同之处，鲨鱼通常将浅海区作为产卵或者分娩地，浅海区通常有海藻丛、水草丛、珊瑚礁等，这可以为新生婴儿提供庇护。

不过在特提斯海的南端是一片陆表海，陆表海是保存海洋生物遗骸的最佳场所，这里基本上处于缺氧状态，淤泥、浮石很多，任何在这里死亡的生物都有可能被沉积物掩埋，然后成为化石。

进入侏罗纪时代后，鱼龙的进化速度明显加快，在3000万年里，鱼龙完成了最后的进化，如果事先不知这是鱼龙，人们很有可能就会将其当作鱼类了。大眼鱼龙嘴部几乎没有牙齿，靠捕食乌贼、鱿鱼等为生，其在捕猎物的过程中，最主要的依靠就是速度，大眼鱼龙的速度可达2.5公里每小时，而且其可以潜入水中长达20分钟。这个时间足以维持它潜入水下600米处，然后返回水面所需。

鱼龙种类很多，包括狭鳍龙、离片齿龙、神剑鱼龙等。狭鳍龙是生活在早侏罗纪时代的，属于小型鱼龙。狭鳍龙的鳍类似玻璃钢的结构，就是蛋白胶原质层层互相交织，形成网状结构，使得狭鳍龙的皮肤具有很强的弹性，不过随着时间的流逝，这些网状结构不再光滑细腻，而是出现了皱纹。离片齿龙则是身躯庞大，前鳍和后鳍都十分狭长，不过两者长度相差无几，与大眼鱼龙不同，离片齿龙嘴部有着锋利的牙齿，凶狠强悍，善于搏斗，是侏罗纪时代海洋生物最可怕的生物之一。在3000万年的时间里，许多鱼龙登上海洋舞台，又从海洋舞台消失，唯有离片齿龙一直站在舞台上历经风雨，经过了重重考验，直到后期巨型上龙登场后才消失。

神剑鱼龙的形状有些特别，就是其上颌变得非常长，就像是狭长的针般，如同箭鱼。据说生物学家在见到神剑鱼龙那狭长的上颌时，便联想起了传说中的亚瑟王，亚瑟王正是由于拔出了神剑，才得到了众人的认可和追随。生物学家便使用神剑命名这条鱼龙，寓意这个发现就像是亚瑟王拔出神剑一样让人震惊。神剑鱼龙有着大且圆的眼睛，前鳍非常宽大，上喙非常长，而且没有牙齿，下喙很短，有锋利的牙齿。生物学家根据其特征推断，神剑鱼龙的游泳速度非常慢，这是根据其前鳍得知的，同时眼睛大，则适合在深海区捕食猎物，所以神剑鱼龙应该是在海底慢慢移动，寻得猎物后用下喙将其咬住，然后慢慢吞掉。

但是在侏罗纪中期，狭鳍龙、离片齿龙、神剑鱼龙都遭受了某种灾难而惨遭灭绝。从此以后，鱼龙在海洋中彻底失去了海洋霸主的地位，在此后约千万年的时间里，海洋里好像没有鱼龙的存在了。直到侏罗纪晚期，大眼鱼龙才开始登场，然而却难以恢复鱼龙以往的辉煌。

不过虽然鱼龙不再处于霸主地位，也面临着其他爬行生物强有力的竞争，但是鱼龙在整个海洋生态中依然有着至关重要的作用。目前发现的许多大眼鱼龙化石中，其腹内大都有好几条胚胎化石，有专家认为这是小鱼龙，有的则认为这是同类相食的证据。不过很明显，前者的说法更容易得到人们的认可，这可能是大眼鱼龙的繁殖方式。

研究化石，然后将其复原，如其中就有具大眼鱼龙吞食乌贼的化石，生物学家将其复原后，展开丰富的想象，去想象当年曾经发生了什么。

在某片宽广一望无际的海洋中，阳光和煦，深蓝的海水如同蓝宝石般熠熠发光，很是美丽。大眼鱼龙正与同伴在浅水区游弋，大眼鱼龙一般是在深海区寻找猎物的，也许这天因为天气太热，水中氧气太少，大眼鱼龙来到了浅海区。它们的运气很好，很快便发现了前面不远处有一群乌贼，数量超过上千只。这群乌贼也是前来觅食的，它的食物是小型甲壳类动物和幼鱼。

大眼鱼龙深知乌贼的狡猾之处，在与乌贼的打交道中，早就摸索出了捕食的方法，只见大眼鱼龙悄悄地从乌贼群的后下方发动轰击，前面说了，大眼鱼龙的速度非常快，这得益于其流行型的身体和强有力的尾巴。仿佛就在瞬间，鱼龙就出现了乌贼群中。惊慌失措的乌贼立即四散而逃，在逃跑时，也没有忘记使用它们的秘密武器，喷洒墨汁。

喷洒墨汁是乌贼的防御手段之一，这个手段既可以在捕获猎物时使用，又可以在逃跑时使用，而且非常有效，但是面对大眼鱼龙却似乎失去了应有的效果，大眼鱼龙的大眼睛闪闪烁烁的，仿佛能够看透被墨汁污染的浑浊海洋，只见大眼鱼龙嘴巴张合间，大量的乌贼纷纷进入了大眼鱼龙的嘴中成为食物。尽管这个过程只有短短的几秒钟，但是大眼鱼龙却至少捕获了10多只乌贼，吃饱后，大眼鱼龙就会浮出水面换气。尽管鱼龙进化得再完美，仍然属于爬行动物，需要经常浮出水面进行换气。

不久后，大眼鱼龙再次潜入海中，运气真的不错，很快又发现了乌贼群，数量大概在500只左右，但是当大眼鱼龙冲进乌贼群中却发现有些不对劲，不远处有只长约15米的庞然大物在盯着这边，大眼鱼龙顿时没了捕获乌贼的兴致，转身赶紧逃命，这个庞然大物就是上龙，是鱼龙之后的海洋霸主，蛇颈龙都不是它的对手。但是已经来不及了，上龙用它那充满锋利牙齿的嘴巴咬住了大眼鱼龙，大眼鱼龙很恐慌，拼命挣扎，终于从上龙口中得以逃脱，但是上龙尖锐的牙齿已让鱼龙遍体鳞伤，鲜血不断地汩汩流出，不久后便死在了特提斯海海底。然后被淤泥等覆盖，变成了呈现在生物学家们眼前的化石。

海洋中最后一只鱼龙

一般来说，物种的灭绝都是有其规律的，即从食物链的最顶端开始，然后蔓延到中层，然后是底层那些弱小的生物，如位于最底层的蜥蜴、青蛙等最容易活下来。越是站在食物链金字塔上层的越是灭绝得早。这主要是针对陆地生态系统，地球上发生的几次物种大灭绝无疑证明了这点，但是对于海洋生态系统来说则是不一定的。

在1.3万年前，地球上生活着许多大型生物，然而好景不长，天气突变，冰川期再次来临，这次灾难让像剑齿虎这样庞大凶狠的食肉巨兽都灭绝了，猛犸象、大地懒、美洲骆驼等动物也都消失了，这些动物称霸地球已有10万年，却突然间消失了，然而像青蛙、鼹鼠、钱鼠等却都躲过灾难而生存了下来。

海洋中的情况则不一样。在侏罗纪时代，上龙可谓是位于生态金字塔的最顶端的，是最成功的掠食者之一，如果按照陆生生物灭绝规律，上龙应该早就灭绝了，然而事实上，上龙躲过了很多次灾难，如侏罗纪过渡到白垩纪时期的灾难，白垩纪中期灭绝事件，上龙都从灾难中逃脱了出来，就这一点足以使它傲视群雄。

在侏罗纪时代，鱼龙曾经是一代王者，后来上龙出现后，才将王者地位让给了上龙，但是经过多年的发展，鱼龙不仅种类丰富，而且数量众多，然而在侏罗纪末期鱼龙开始衰落，大量的鱼龙惨遭灭绝。整个鱼龙纲的成员几乎全都被灭绝了，但是鱼龙中一些进化较慢还保留着原始特征的鱼龙却存活了下来，这些鱼龙有着锋利的牙齿，强壮的嘴巴，而且它们都属于同一种类，即平鳍龙。这是一种有着扁平前鳍的海生爬行动物。

虽然平鳍龙的名声并不响亮，但是它们的确足足生存了4600万年之久，可以说是生存时间最长的鱼龙。这些鱼龙进化得几乎和鱼形完全相同，前鳍呈扁平状，有8—10个指列，后鳍仍在不断进化中，不断地变小，尾椎弯曲很明显，下弯接近40度，呈半月形，尾鳍极为发达，能够在短时间内爆发出巨大的推力。生物学家曾推算，其游泳速度能够达到40千米每小时。椎体很短而且内陷，喙部向下弯曲，这样有个好处就是在换气时不用将整个头部浮出水面，减少了平鳍龙在游泳时的阻力。

在漫长的岁月中，平鳍龙正是凭借着其优良的身体结构、超强的环境适应能力以及不断地进化历程，才能力敌群雄，与蛇颈龙、上龙等展开了激烈的争夺。有生物学家甚至将上龙后期的灭绝归咎于平鳍龙的灭绝，它们认为当上龙在海洋中有竞争对手时，它就会保持着斗争状态，积极进化，然而当竞争对手都灭绝后，上龙则有些目空一切，终招致灾祸。平鳍龙在平时很喜欢在浅海区活动，有时也会在海床上休息，以节省体力。

1865年，有名叫萨瑟兰的人在弗林德斯河发现了第一具平鳍龙化石，不过当时并不叫平鳍龙，而是叫澳大利亚鱼龙。此后科学家陆续发现了很多化石，但都是在大洋洲。虽然其分布范围不广，但是却有着很重要的意义。澳大利亚在白垩纪时期至少有一半面积被汪洋大海覆盖，属于内海，内海看似平静，表面上波澜不惊，但是海底的竞争却是非常激烈，众多大型海洋生物为了争夺食物、捕获猎物而互相斗殴、竞争，这里每天都上演被对手吞食的生物惨死的悲剧。

我们知道，海豚在海中感觉水流是靠超声波探测的，鲨鱼则是靠侧线感觉器官，那么平鳍龙是靠什么感知水流震动呢？2001年，澳大利亚古生物专家曾对平鳍龙化石进行透视扫描，结果发现平鳍龙的耳朵如同虚设，耳朵即听不到声音，也不能用来感知水流。当然要想在海洋中生存，必然会有一种感知水流震动的方式，否则平鳍龙怎么能够从激烈的掠食竞争中脱颖而出呢？

但是光靠其优越的身体结构，很明显是难以在竞争中获胜的，事实上，平鳍龙为了适应环境作出的改变非常大。2003年，生物学家基尔发布了一篇报告，称其在研究某具化石时，在平鳍龙腹内找到了海龟、鱼类，甚至还有鸟类的尸骨。在以往的调查中，生物学家得知鱼龙是靠捕食乌贼、鱿鱼等存活的，因而有生物学家认为鱼龙之所以灭绝，很有可能就是受其饮食影响，如鱼龙主要靠捕食乌贼为生，当遇到某种灾难时，浮游生物数量减少，乌贼的数量也会随之减少，那么鱼龙就会受到影响。但是基尔的发现又似乎表明，平鳍龙经过进一步的进化，改变了其饮食结构。

平鳍龙捕食海龟。海龟的力量是很大的，而且有着很强的防御能力，生物学家猜测，平鳍龙可能是趁着海龟刚产完卵，正处在极度疲惫时，猛然咬住其脖子，然后将其拖死并吞噬掉。化石中鸟的尸骸则可能来自于某只鸟正在停靠在水面上，或饮水，或洗刷羽毛，这时平鳍龙从海底慢慢地浮起，等快接近鸟时猛然发动攻击，可怜的鸟儿被平鳍龙一口吞入腹中。

生物学家一直对最后一种鱼龙很好奇，因为它能够揭示鱼龙进化到哪种地步了，从中找出鱼龙灭绝的原因。平鳍龙由于发现时间晚，其生存年代相比其他鱼龙要晚，因而被当作是最后一种鱼龙。然而在 2006 年 9 月，加拿大一位古生物学家科尔德维宣布，发现了一种新的鱼龙化石。

科尔德维和另一名生物学家对这块化石进行了研究，结果发现这块化石竟然是新的鱼龙种类，而且还是只正处在妊娠状态的鱼龙，透过显微镜可以看到两个卷曲状的胚胎。新发现的鱼龙被命名为莱氏慈母椎龙。

事实上，不管是平鳍龙还是莱氏慈母椎龙，在海洋生态系统中，它们都不是站在最顶端的王者，而且它们灭绝后，就代表着鱼龙彻底退出了历史的舞台，成为过往云烟。鱼龙从最初最弱小的海洋生物之一，逐渐发展成为最强悍的海洋霸主，其中经历不少大风大浪，但都挺了过来，何况在海洋中，越是顶尖的掠食者遭遇灭绝的可能性就越低。如果说鱼龙的灭绝是生态环境恶劣引起的，那么待在类似封闭或者封闭环境中的海洋生物是最容易灭绝的，比如大眼鱼龙。

而那些位于最顶端的掠食者，如上龙，其栖息的范围很广，整个海洋都可能是它们的捕猎范围，即使环境很恶劣，但只要海中还有猎物，上龙就不会因为食物匮乏而饿死，就能够挺过危机。只有发生像类似冰川或者类似彗星撞击地球的灾难，才能终结上龙这样的巨无霸。

然而如今，鱼龙早已成为一种传说，上龙也因为某种原因被灭绝了。很难想象，当最后一只鱼龙在海洋中游弋时，是怎么样的心情，它会满海洋地寻找自己的伙伴吗？还是说找个静谧之地，静静守候命运的裁判？又或者是因为食物匮乏而奄奄一息？又或者会选择一种惨烈的死法来控诉命运？当最后一只鱼龙游走在广阔的海洋中，其步伐会否变得缓慢，其行动是否不再有力……当它倒在海洋中时，鱼龙的传奇故事也就到此终结了。

第九章
蛇颈龙,凶残的异兽

狭长的脖子,庞大的身躯,一张血盆大口,这是人们对蛇颈龙的印象,然而蛇颈龙的形状真是如此吗?蛇颈龙在数千万年前曾是海洋霸主,在海中叱咤风云,所向披靡,它是如何被灭绝的呢?关于蛇颈龙奥秘的帷幕正在缓缓地揭开……

水中的长脖子

中生代时期，称霸地球许久的恐龙迎来了一场前所未有的灾难，此时，在海洋中，蛇颈龙正悠闲地伸着大脖子四处观望。它庞大的身躯看起来很像是牛，并有四个很短的鳍足，鳍不仅能够为其游泳提供动力，而且还有改变方向的作用。蛇颈龙曾有过一段辉煌的时期，在海洋中叱咤风云，所向披靡，即使在后来面临着鱼龙、上龙、鲨鱼的竞争，它仍然保持不败之地。

在人们的印象中，蛇颈龙的脖子是非常长的，其长度甚至占体长的一半以上。它常常会浮出水面，是个非常庞大的巨兽。有的人甚至认为，蛇颈龙能够腾云驾雾，吞吐云海，有时还会伤害人类。由于未知，所以人们才会对它充满众多奇怪的想法和印象，但在生物学家发现蛇颈龙化石，研究化石，蛇颈龙的秘密逐渐被解开。

世界各地都曾发现过蛇颈龙的化石，但是第一张有关蛇颈龙化石的插图却是在1604年才绘制出来的，人们在看到插图后发出感慨，原来蛇颈龙是这个样子的。随着时间的流逝，越来越多的化石被挖掘出来，蛇颈龙神秘的面纱被揭开，露出了掩藏在面纱下的真实面目。有博物馆根据所发现的蛇颈龙化石将研究得出的言论编撰成一本书，流传下来。不过当时由于受到宗教的影响，更多的人相信化石其实是古代鱼类因为受到人类的牵连而留下来的，而不是博物馆所总结出的那些结论。

1719年，英国有位叫威廉·斯图克里的生物学家偶然得到一块奇怪的化石，发现化石的地方据悉在远古时代是一片汪洋大海。化石并不完整，只保留了头骨部分，威廉·斯图克里辨别不出化石所属，他猜测头骨可能属于生活在海洋中的鳄鱼、海豚或者小鲸鱼之类的。他翻阅了很多书籍，查找各种资料，还专门组织专家来鉴赏过，但遗憾的是最终也没能确定这块化石所属。

这块化石被放置在博物馆中，被人们忽略，直到百年后才有位生物学家注意到了这块化石，经过长时间的研究，他认为这块化石可能属于远古时代遭到灭绝的某种爬行生物。不久后，有位名叫玛丽·安宁的女孩发现了一块属于蛇颈龙亚目的化石，并将其制作为标本，这个发现举世轰动，蛇颈龙因此名声大噪，成为人们茶余饭后的谈资。

法国生物学家居维叶在研究玛丽所发现的蛇颈龙化石时，觉着有些不可思议，甚至认为这个化石是伪造的，但是在调查后发现化石是真实的，而且按时间算，化石应该形成于远古时期。若如此，古生物学将会迎来崭新的一页，蛇颈龙成为古生物学家的新宠，玛丽也因此成为炙手可热的化石专家。

蛇颈龙的传说由来已久，一直蒙着层层薄纱，朦胧看不清，却又吸引人们不断地深入研究。在发现化石前，关于蛇颈龙的真实面目，人们幻想了很多，如穿着类似乌龟壳的海蛇，但事实上，蛇颈龙并不是蜷缩在硬壳内的。

严格来说，蛇颈龙属于蛇颈龙亚目，是众多爬行生物中的一种。在远古时期，蛇颈龙的祖先是生活在陆地上的，后来由于气候等因素的影响，开始向海生生物转变。演变的过程是非常漫长的，早期的蛇颈龙只能生活在干净的浅海区，以鹦鹉螺和鱼类为食，后期则能在深海区生存，同时饮食也呈多样化，随着适应环境能力的增强，蛇颈龙成为海中一霸，曾经一度和鱼龙、上龙等称霸海洋世界。

蛇颈龙亚目的分类很多，对此生物学家争议很大，对于蛇颈龙与其他海洋生物的关系，也争议不断。

一般来说，人们对于蛇颈龙印象最深刻的就是其脖子很长，就像长颈鹿般，但并不是所有的蛇颈龙都是长脖子，有些则脖子非常短，事实上，在海洋生物中比蛇颈龙脖子长的生物不在少数。

蛇颈龙的身体又宽又扁，尾巴很短，头部很小，但是口部很大，里面还有很多牙齿，体长在13米左右，最长的可达18米以上，四肢进化成为肉质鳍脚，看起来就像是划船的桨，鳍脚能够让蛇颈龙在水中进退自如，也能及时改变方向。蛇颈龙最灵活的要属脖子了，脖子可以伸展也可以蜷缩，能够伸展脖子攫取远处的物质，也能蜷缩脖子进入面积狭窄的水洞。蛇颈龙属于卵生生物，在繁衍季节，会爬到岸上产卵繁殖后代。

身躯如此庞大，四肢有演化为肉质鳍脚，还有个很长的脖子，那么蛇颈龙是如何进行游泳、捕食的？或者在面对仇敌时又是怎么做的呢？

生物学家以为蛇颈龙和其他海生生物一样，都是靠简短有力的鳍脚来游泳的，即用4个巨型鳍脚划水，就像人们划桨般，4个鳍脚都朝着相同的方向划动，当要改变方向时，4个鳍就朝着相应的方向划动，不过这种游泳方式遭到了生物学家的质疑，在1975年，这种说法被彻底否认。

古生物学家洛宾逊认为蛇颈龙的4个鳍在水中可以采用上下扑水的方

式运动,这种游泳方式在海龟上可以看到。从外表来看,游泳方式呈8字形,这就是生物学上著名的"水中飞翔"理论,即就像是在水中飞翔游泳,不过这种说法也遭到了否认。生物学家在研究蛇颈龙身体结构时发现,肩部骨骼的组合方式会导致鳍很难向上伸展,所以它很难像海龟那样大幅度上下摆动鳍。

随后生物学家提出了很多新的说法,在1984年,古生物学家古菲经过大量的调查后,提出蛇颈龙4个鳍是向身后方向划动,以此来推动自己前进,即海狮游泳法,这种游泳方法能够充分的利用鳍的长处。这种说法目前得到了众多生物学家的认可。

很多人一想到蛇颈龙,首先想起的就是蛇颈龙的长脖子,其实这是种错误印象。

1868年,年轻的古生物学家柯普偶然间获得了一块蛇颈龙化石,这块化石保存得很完整。

当柯普第一眼看到这具化石时,心情很激动,他在头脑中还原生物的真实面貌。他将自己所想记录在案:蛇颈龙伸着细长的脖子,在一望无际碧蓝的海洋中游弋,虽然脖子很长,但却有着高度灵活性,犹如美丽的天鹅一样。柯普的这段描述对人们的影响很深,在此后的一个世纪,很多人在描述蛇颈龙时,都会不自觉地引用这一说法,其实这种说法是错误的。因为受身体结构限制,蛇颈龙不可能像天鹅般将脖子高高昂起,只是小幅度内的抬高。海生生物要想在将脖子高高昂起,首先要解决地就是平衡问题,在海洋中,如果没有支撑点支持,当蛇颈龙奋力抬高脖子时,必然会导致整个身躯往水中沉。另外,蛇颈龙的颈椎基本上谈不上什么灵活度,只能做极小范围的摆动和升降,平时蛇颈龙会尽量挺直脖子。

另外在研究化石时，柯普认为其颈椎太过细长，将其误认为是尾椎，这个说法在1870年得到了纠正。这年3月8日费城自然科学院召开例会，古生物学家雷迪在会议上提出，柯普"尾椎"的说法是错误的，其主要证据是尾部末端发现了寰椎和枢椎。这表明，这并不是尾椎，而是蛇颈龙的脑袋掉了下来，刚好移到尾巴那边。

但是直到今天，人们提起蛇颈龙，仍然会用长脖子来形容，由此可见，初印象的重要性，也表明生物学家在研究上要尽量严谨、实事求是，以事实为依据，否则，难以消除其所带来的影响。

超级捕食者

在中生代时期的白垩纪、侏罗纪，陆上和海洋可谓是爬行生物的天下，因为某种原因，这些爬行生物很多都是两栖动物，既能在陆上生活，也能在海洋中生存，鱼龙、蛇颈龙、上龙、沧龙等相继登上历史舞台，一场华丽大剧的帷幔就这样被揭开。所谓一山不容二虎，无论是陆上还是海洋中都是如此。巨兽们为了更有利的生存环境，占据更多的资源而相互竞争，上演食物争霸战。

这些爬行物身躯都巨大无比，力量强悍，喊声激烈，吼声震天，尤其是当它们为了某种原因搏斗时，场面更是壮观无比，像场华丽的玄幻剧。

它们会利用自己的优势去战胜对方，其实在残酷的生活环境中，它们早就摸索出了自己的优势和劣势，也明白如何利用自己的优势。

蛇颈龙身躯庞大，脖子很长，但是脑袋很小，是凶残的肉食者，以鱼类和蚌类为食。在海岸边和深水中常常会碰到它们，身长可达10多米，平时看起来挺安宁祥和，在遇到猎物时却动若脱兔，凶猛异常。古生物学家将蛇颈龙称为"超级捕食者"。

从发现的蛇颈龙化石中，找到蛇颈龙胃部的遗骸，经过化验可以得知，胃内主要有菊石壳、鱼骨、章鱼嘴以及其他海洋生物，还经常会发现一些圆滑的石头，石头的作用就是增加胃部摩擦力，更好地消化食物。蛇颈龙的胃部并不大，这是否说明其所需要的食物也是不多的？这点议论不一，而且也不能单凭胃部大小来评定其饮食量的大小。

不过最让生物学家感到好奇的是，蛇颈龙细长的脖子究竟有什么用呢？在竞争中，或者与其他海洋生物的斗殴中，脖子无疑是其弱点，而且脖子一旦被对方咬住，很容易带来致命伤害。

有生物学家认为其长脖子的好处在于可以远程捕获猎物，即在身体还没有靠近猎物时，细长的脖子便能够伸展直接咬住猎物，又或者利于其隐蔽。不过蛇颈龙的身躯这么庞大，何况它在水中呼吸时，必然会产生压力波，猎物就会察觉到，即使没有看到蛇颈龙，也会逃之夭夭，隐蔽作用微乎其微。不过蛇颈龙的口部比较大，牙齿锋利，可以不着痕迹地张开血盆大口吞咬猎物，同时也可以用来消除压力波，将猎物吸入口中然后再吞下。

曾有生物学家在蛇颈龙胃部发现了许多巨型怪兽的遗骸，如鲨鱼牙齿等，基于此，有生物学家认为，蛇颈龙的天敌是鲨鱼。但是我们都知道，蛇颈龙的身躯是非常庞大的，是海中霸主，鲨鱼难以与之比较，也难以想象鲨鱼会冒着巨大的危险去捕食蛇颈龙，这与其趋利避害的天性不相符。那蛇颈龙胃部的牙齿是从哪里来的呢？有人认为可能是一群鲨鱼在围攻蛇颈龙时，不小心脱落在蛇颈龙身上。蛇颈龙曾站在海洋生物生态系统的最顶端，在很长一段时间内，可谓是畅游海洋无敌手，天敌之说是后来才有的。

也就是说蛇颈龙如果有天敌，那很有可能是后起之秀，如曾被称为史前海洋三大霸主之一的沧龙，可能就是其天敌。沧龙是在蛇颈龙称霸海洋后期才出现的，慢慢地发展壮大，取代了蛇颈龙海洋王者的地位。沧龙是在距今9000万年前的白垩纪晚期才开始走上历史舞台，由于身躯庞大，凶悍无比，很快便在海洋中闯出了一片天下，成为海中一霸。它凭借着身躯、力量以及凶狠确实可以与蛇颈龙一较高下。不过目前还未找到了能够证明这点的化石证据。不过仅从现有的信息分析，两者和平相处的可能性更高。

20世纪80年代中后期，古生物学家董枝明曾多次进入加拿大北极地区考察，北极地区气候严寒，冰天雪地，生态环境恶劣，对古生物学家来说，那里却是天堂，由于人烟罕至，天气寒冷等因素，而保存着许多化石。董枝明等人在一座岛屿上发现了一套中生界晚期的岩组，在岩组中发现了很多植物化石，而且通过检测后发现其形成时间大约在7500万年前，处于白垩世晚期，这一时期，是恐龙称霸海陆空三界的时代。他们不断地挖掘岩石，却没有找到恐龙的化石，反而是找到了蛇颈龙化石。这就有点奇怪了，按说，发现恐龙化石的可能性比发现蛇颈龙化石的可能性要大很多，想来在恐龙遍布地球的时代，蛇颈龙的数量也是非常可观的。

2006年年底，有生物学家宣称，在南极洲发现了一具蛇颈龙化石，发现地点是南极洲的维加岛。此岛位于南极半岛的末端，位置很偏僻，却被古生物学家们当作是考察天堂。当时古生物学家在岛屿上随处闲逛时，发现在远处地表上暴露出一些脊椎骨，岩石已被风完全侵蚀掉了，只剩下脊椎骨在闪闪发光，这是具蛇颈龙化石，而且是当时南极洲出土最完整、保存最好的蛇颈龙化石。

在化石的附近有厚厚的火山灰，因而古生物学家推测，在远古时期，这里曾经发生过火山大爆发，爆发产生的灰烬和植物全部都被吹进海水里，当时蛇颈龙正在海中游泳玩耍，突然漫天的火山灰落了下来，温度极高，海水沸腾，蛇颈龙还没有来得及逃走就被埋没了。

火山灰慢慢地渗入到蛇颈龙的骨骼中，经岁月流逝一具较为完好的化石就这样形成、保存、然后被挖掘。维加岛天气寒冷，再加上风速很快，人站在那里都会被刮得东倒西歪，站立不稳，地面如同钢铁般坚硬，在挖掘时所带来的10多把地质锤全都被磨钝，还有几把在使用过程中毁坏了，最后，他们用冲击钻进行挖掘。

这具化石长只有1.5米左右，蛇颈龙还处在幼年时期，成年期的蛇颈龙体长在9米左右。虽然有些小，但是由于保存完整，故而具有非常高的研究价值。让古生物学家更感兴趣的是其腹部，可以清晰地看到其间腹肋布满整个腹部，甚至还有交错情况出现。在胃部发现一些圆滑的石头，石头的作用就是磨碎食物。

古生物学家从化石中得知了很多关于蛇颈龙的信息，但是令人遗憾的是，化石并没有头骨部分，他们猜测，头骨可能就在附近，然而由于南极洲环境恶劣，他们无法进行长时间寻找、挖掘，最终不得不放弃寻找头骨，这是此次考察之行唯一的遗憾。

蛇颈龙化石虽然只有 1.5 米左右，但是要想运回，却费了不少功夫。打好石膏后，研究人员发现化石太重而且很大，很难运走，要是搬运的话，风力这么大，天寒地冻，恐怕几个月都走不出南极洲，最后还是古生物学家将化石想方设法搬进了直升机，这样才运走的。

一直以来，就不断地有古生物学家前往南极洲维加岛，发现了很多化石，不过所发现的化石有个特点，那就是尚处年幼的化石非常多，有人推断，可能这片海域是浅海区，拥有礁石、珊瑚群、水草丛等丰富海洋生物环境，因而成为小生物成长的乐园，在这里既有充足的食物，又能躲避天敌的伤害。

大多数爬行生物都是卵生，如海龟，每到了繁衍的季节，总是爬到岸边产卵，古生物学家认为蛇颈龙可能也是如此，不过这个说法遭到了反对，根据蛇颈龙的身体结构，上岸对它们来说无异于比登天还难。

人类之所以能够趴在地上，而且能够正常呼吸，身体器官正常运转，是由于脊椎在起着支撑作用，将各个器官支撑起来。海龟能上岸，也是由于身体内部有支撑组织存在，然而在蛇颈龙的身体内缺少这样的支撑组织，哪怕只是个简单的骨架。但是从化石上来看，蛇颈龙的脊背侧的肋骨和腹侧的肋骨是相互分开的，不像人类的脊椎似的连在一起，因而很难对其内部器官起到保护作用，如果它们选择上岸，很有可能因为自身的重量压迫内部器官而导致器官破损，最可怕的就是压迫呼吸器官，无法呼吸，窒息而亡。

这样看来，蛇颈龙只能选择在海中产仔了，而且幼崽要想在海中活下来，应该生下来就会游泳，古生物学家曾经在一具化石中发现，其腹部有一个完全成形的胎儿，因此说，蛇颈龙很有可能是胎生的。

不过无论是胎生还是卵生，都不过是适应环境而作出的选择，北极和南极都发现了蛇颈龙化石的存在，由此可见，蛇颈龙确实在某些时期曾辉煌过，是能够在南极、北极生存的超级捕食者。

远古巨兽

远古时期，在广阔无边深蓝色的海面上，栖息着无数庞大的巨兽，巨兽有着长长的脖子，简短的四鳍，它们或悠闲地戏水，或摇动着前后鳍，伸长脖子捕食鱼类，或与其他巨型生物竞争，吼声震天，或三三两两聚在一起玩耍，或试着跳跃出海面；波光粼粼，如同蓝色珠宝在熠熠发光。在蛇颈龙生活的中生代，蛇颈龙可谓是历史上最为华丽的舞台表演者之一，是生命史中的绝唱，是一幅如入其境地的绝美山水画。在漫长的岁月中，蛇颈龙也在不断地进化，不断地出现新的品种，它们各有其优缺点，形状上差异万千，但是却也有共同点。

19世纪末，古生物学家发现了一具奇特的蛇颈龙化石，经过检测发现，其形成于距今约2.1亿年前，那时正好属于三叠统最晚期，古生物学家认为蛇颈龙是采用划桨的方式来游泳的，因而为其取名为桨龙。桨龙的出现很少，属于早期蛇颈龙，但是生物学家在研究时发现，其身体结构比后期的一些蛇颈龙身体结构要完善得多，也就是说在桨龙前，还有更为原始的蛇颈龙。古生物学家在对它进行归类时，发现由于其特征还不是很明显，很难对它进行分类。后来，只好将其归为蛇颈龙早期的原始品种。蛇颈龙科的分类有些混乱，在科研上，凡是对其分类不太清楚的就将其命名为某某种类，这样一来，导致蛇颈龙科分类很烦琐，也杂乱不堪。

隐锁龙主要生活在欧洲等地区，长约3—4米，是一种小型的蛇颈龙，之所以取这个名字，是因为它的锁骨非常小，如果是从骨骼下部往上看，根本就看不到它的锁骨，故而得名。目前已经发现了大量的隐锁龙化石，从中可以看到，它有个非常大的特征，那就是口部长着密密麻麻地细长而锋利的牙齿，有生物学家数了下，其数量在100颗左右，全都是向外突出，在光线很弱的深海区，这一排闪亮的牙齿很惹人注目，也很有威慑力。事实上，这些牙齿并不坚固，或者说并没有那么锋利，是无法用来大力撕咬猎物的，所以说，这些牙齿只是外观上看起来很唬人罢了，可以用它来威慑敌人。

由于牙齿不能太过用力，古生物学家猜测其捕获食物的方式应该跟鲸鱼相似，"滤食"，即张开大嘴，连同海水、鱼类、软体动物等都吞进口中，然后将海水排出，只剩下鱼类和软体动物等食物。

隐锁龙被命名是在1892年，隐锁龙科的建立是在1925年，此类龙科生物共同点有：脖子很长，颌上牙齿很多，但是都不怎么坚固，只能以软体生物和小型鱼类等为食。在侏罗纪晚期隐锁龙达到了最辉煌时期，当时同样较为繁荣的还有海鳗龙。

海鳗龙的身形也不是很大，长约5米，其中脖子长度几乎占体长的一半，躯干部圆滚滚的，尾巴很短，有4个鳍，能灵活地在海水中游泳，也能在陆上爬行，是典型的两栖生物，其生活方式和海豹、海象等很相似，常常在浅海区游泳、玩耍，仰起脖子，便能够查看四周的食物，一旦发现不远处有软体生物或者鱼类，则会速度地潜入水中，然后悄悄靠近食物目标，猛地扑上去，袭击、咬住猎物。海鳗龙的脖子很长，而且在水中能够灵活运动，但是它游泳速度却不是很快，因而在捕食上更多地采用突袭方式。

轰龙是薄片龙科中最早的品种之一，其名字的来源与澳大利亚的一个传说有关。据说在澳大利亚有很多土著，土著中流传这样一个说法，说在某海岸住着一个非常大的怪兽，它出现时总会伴有轰隆隆的声音，浪花翻滚，海水翻腾，声音像雷声似的震撼。科学家便根据它出现时的声音取名为轰龙。

轰龙生活在白垩世的早期，相对更为世人熟知的薄片龙，要早 5000 万年，可以说是较为原始的薄片龙品种，它的出现引起了古生物学家们的热情，他们纷纷投入研究轰龙的计划中，并发现轰龙的颈椎长度大于宽度，已经开始彰显后期大脖子的特征。

虽然生存的年代很早，但是其身体结构有些方面甚至比后期进化后的薄片龙要好很多，这是因为其进化方式。在不同的环境中，器官会主动选择最适合目前环境的进化方向，所以到后期，薄片龙科的种类很多。

1960 年就有古生物学家发现了轰龙化石，但是这具化石并不完整，尤其是其头骨部分残缺不全。直到 1982 年，古生物学家发现一具较为完整的轰龙头骨，这个发现意义重大，古生物学家可以不用像以往那样，只是根据蛇颈龙的特征来猜测其头骨部分，头骨化石的发现可以进一步完善其知识。

1994年的某天，加拿大合成原油公司技师费舍尔和肯多在工作，当时两人操作一台电铲在挖掘，电铲威力很大，很快便挖到了油砂床部分，突然一个漆黑却发光的东西吸引了二人，二人将电铲停下，前去查看，发现这竟然是一颗化石。

公司得知后，便派遣人员前来协助挖掘，化石很快被挖掘了出来。不久后，公司将化石送到了一家博物馆。当时有很多古生物学家研究过这具化石，然而都没有得出结论，这具只有2.6米长的化石竟然一时成了无法破解的谜底。直到2008年，古生物学家庄肯米勒和拉塞尔才宣称他们破解了化石的奥秘，化石形成的时间是在1.12亿年前。他们为化石取名为尼氏龙，是为了纪念著名的古生物学家尼科尔斯。

这具化石保存得很完整，完好无损，加深了人们对蛇颈龙的了解，当古生物学家对其进行三维CT扫描时，发现了更多其脑部构造的细节，为我们提供了更多有关蛇颈龙的信息。

薄片龙是我们比较熟悉的蛇颈龙品种，它大名鼎鼎，人们在说蛇颈龙时，通常指的就是薄片龙，它几乎是蛇颈龙进化后期最为完美的代表。薄片龙脖子很长，占体长的一半左右，与长颈鹿相似，长脖子有个好处，就是可以远远地查看猎物，然后选择恰当的时机突然发动攻击。事实上，薄片龙只能以这种方式来捕获食物，因为它的颈部灵活性非常差，而且它的头部非常小，又不能捕捉大型猎物，只能采用这种方式捕获一些小鱼或者软体生物类的食物，体长一般可达12米。

薄片龙生活在白垩世晚期，距今约8000万年，是当时地球上的一大景观。生物学家在其胃部发现了胃石。石头的作用是磨碎食物，辅助消化。它终生生活在水中，游泳速度不算快，靠脖子、四鳍来改变方向。

薄片龙脑袋小，牙齿锋利，尾巴和脖子都很细长。为了繁衍后代，薄片龙常常需要花费很长时间去寻找伴侣，寻找产地，有古生物学家认为，薄片龙会照顾幼崽，直到它们能够自力更生为止。

冥河龙也属于薄片龙科，是一种类似薄片龙的生物。蛇颈龙虽然凶猛，牙齿也锋利，但是有个弱点，那就是其细长的脖子，要是被敌人咬上一口，性命堪忧。从目前发现的化石来看，有很多都是缺少头骨的。这很有可能就是因为遭受其他生物的攻击，咬断了脖子，从而身首异处。

在后期，蛇颈龙不断地进化，出现了一个新品种，有着很多新特征，如颈部开始缩短，后鳍变得粗壮，有着奇怪的脊椎骨，其两面都像臼似的内陷，后来古生物学家柯普根据其脊椎骨的特征将其命名为双臼椎龙。

从外表来看，稍不注意，就会把双臼椎龙误认为上龙，因为两者确实十分相似。很多古生物学家就此而猜测上龙很有可能是蛇颈龙演化而来的。也是因为这个原因，长久以来，古生物学家都将双臼椎龙当成上龙。

双臼椎龙是小型的蛇颈龙，体长在 5 米左右，生活于白垩纪晚期，这时鱼龙已经灭绝了，双臼椎龙从而取代了鱼龙的位置。双臼椎龙的游泳速度非常快，再加上其尖锐的牙齿，很快便在海洋中立足下来，发展壮大，其主要以鱼类、菊石、软体生物以及头足类动物为食。

虽然取代鱼龙，成为海洋的新宠，但是双臼椎龙在历史舞台上表演时间很短，只有 300 万年左右。但是从目前发现化石的地点来看，双臼椎龙就像它的前辈一样，曾经遍布全球各地。

长喙龙也属于蛇颈龙目双臼椎龙科，主要生存于白垩纪晚期，而且其生存地点有限，大多都是在北美洲。它和双臼椎龙很像，之所以划分成两种，主要是因为牙齿结构的差异。长喙龙牙齿纹路和双臼椎龙牙齿的纹路相反，故而分为两类。

猎章龙是种中型蛇颈龙，体长大约在 7 米，有个很重要的特征，眼眶非常大，它能够看到立体图像，牙齿密密麻麻，虽然锋利但是很小，因而不适合捕捉大型生物。猎章龙主要以软体生物为食。猎章龙生活在白垩纪晚期，比双臼椎龙生活的年代还要晚。

蛇颈龙在历史舞台上表演了一亿多年，在漫长的岁月中，其不断地进化，脖子的变化更为明显，这种变化又是没有规律的，有时往更长方向变化，有时则往更短的方向变化，因而说不能简单地用脖子长短来区分蛇颈龙品种。

有部分古生物学家认为，上龙就是由蛇颈龙演化而来的，从上龙头骨化石中可以看到泪腺、前关节、冠状、脑额叶等头部特征，这些特征在早期蛇颈龙中也有，但是后来在进化中逐渐消失了。1993 年，古生物学家泰勒和库克在其发表的研究文章指出：在某些方面，上龙完全比蛇颈龙更像是蛇颈龙，比如脖子长度上。

1994 年，又有古生物学家在研究了上龙和蛇颈龙的颈部结构后，声称他们有一个重大发现，目前正在寻找证据中，如果证据充实，那么现有的蛇颈龙分类很有可能被推翻。当然蛇颈龙分类至今仍未被推翻，但是却一直争议不断。希望未来能发现更多的化石，得出更准确的信息，这样才能判断其分类是否正确。

蛇颈龙就像是海洋的宠儿，在其生存着一亿多年中，始终位居海洋生物链的顶端，是海洋中最优秀的掠食者。它们驰骋在海洋中，勇往直前地形象深深影响着人们，哪怕它们已灭绝了 8000 万年，人们至今仍在怀念其风姿绝伦的身影……

活着的蛇颈龙

中生代时期,蛇颈龙被誉为海洋三大王者之一,由于一场突如其来的灾难,蛇颈龙和恐龙等都惨遭灭绝,但是后来的事迹却表明,蛇颈龙似乎仍然存活于这个世界。

湖泊深居陆地,有不少水怪的传闻便是从这些湖泊中传播开来的,其中最神秘莫测、最闻名遐迩、最惹人瞩目的要属尼斯湖水怪。

根据众多目击者的描述,水怪尼西是一个头部像蛇,颈部细长,身躯庞大,尾巴很长,因而有不少生物学家怀疑尼西就是蛇颈龙或者蛇颈龙的后裔。

当然也有人提出了反对,如在 1982 年,哺乳动物学家莫里斯·伯顿就在《新科学家》杂志上刊文,说所谓的尼西其实是人们的视觉误差,将在水中戏耍的水獭当作了尼西。普通的水獭虽然只有 1 米左右,但是尼斯湖水深、食物丰沛,其中生存着体型更长的水獭也是有可能的。另外,目击者发现尼西大都不是近距离观察到的,有些相距几公里之远,有些则是在月光等微弱光线下发现的,而且从目前的资料来看,清晰的照片非常少。水獭游泳速度还是非常快的,而且经常像海豚那样跃出水面。至于体长,当水獭成群结队时,看起来就像是体长非常长的海蛇,如果领头水獭浮出水面，那么水獭群看起来就像是蛇颈龙。这样，就会造成视觉误差。

　　罗伯特·克雷格是位苏格兰工程师，自小就听说过水怪的传闻，但是他却从来没有亲眼见过，因而他怀疑所谓的水怪可能根本就不存在，他大胆想象，水怪可能是漂浮起的树干，从远处观望地话，就像是水怪一样。在尼斯湖附近确实有着非常多的高大树木。苏格兰境内湖泊很多，但是有水怪传闻的却只有三个。

　　这三个湖泊有个相同点，那就是周围都种植着高大的树木。在很久很久以前，必然会有一些树木因为某种原因而沉入湖底，由于湖底压力非常大，会促使树干内部的树脂排出，然后在外表形成一层坚固的壳，树干内部此时就会产生气体，随着时间流逝，气体越来越膨胀，产生浮力，当浮力大于树木的重力时，树木就会上浮，浮到湖面上。越往上树干的浮动速度就会越快，湖面压力较小，等树干释放出气体后，又会沉入湖底。所以才会有目击者声称发现水怪漂浮在湖面上。这种说法彻底否认了尼西的存在，也否定了尼西是蛇颈龙的说法。

　　1932年，英国《每日邮报》的一位记者拍摄了一张有关尼西的照片，这张照片引起了很大的轰动，后来这张照片被证明是假造的，照片中的"尼西"是记者弄虚作假。

　　1972年，美国应用科学学会也拍摄了一张尼西的照片，不过据说这张照片也有造假的成分。

　　各地研究机构还曾组织过几次考察队，利用了当时最先进的设备，耗费数百万美元，动用大量人力、物力，然而最后都一无所获。以至于越来越多的人相信其实湖中并没有水怪存在，很有可能是人们视觉误差或者心理因素造成的，正所谓心里有什么，看到的就是什么。

然而在1977年4月25日,日本人却宣布从海中捕捉到了"水怪"的身体,并对外宣布水怪是条蛇颈龙。

据说,这艘船正在新西兰东部30海里处捕鱼,船员在拉网时发现网很沉重,拉起来很费力,于是喊其他船员一起帮忙拉网,网中有个非常庞大的生物躯体,尸体已经腐烂了,但还是能看出其表面的特征,整体来说,还是很完整的,体长约10米,脖子和尾巴也很长,脑袋很小,腹部很大,有4个短粗的鳍。根据尸体的腐烂程度推断,怪物死去大约已有一年之久。

船员们面面相觑,谁也没有见过这种生物,突然有人惊呼喊道:"这不就是尼斯湖的水怪吗,蛇颈龙吗?""是蛇颈龙吧?……"捕捉到水怪的消息很快在船上传开,船长也听说了,特地赶来看一眼水怪。水怪腐烂程度很严重,海风吹来,阵阵腥臭味让人作呕,船长担心这气味会影响到船上捕获的鱼,因而下令将水怪重新丢回海中。

当时船上还有位叫矢野道彦的船员,听说船长要将水怪丢回海中,很是诧异,于是他劝说船长希望能够将水怪留下来运回陆地,但是船长回绝了。无奈之下,他只好趁着水怪被丢到海里之前,拿出相机拍摄了几张照片,而且还从水怪身上采集了一些样本。

船行驶回日本后,引起了很大的轰动,矢野道彦所拍摄的几张照片在报纸、电视台上频繁露面,很多人都认为那就是蛇颈龙,没想到竟然还有活着的蛇颈龙,这个消息引起了轩然大波,成为人们茶余饭后的谈资。日本古生物学家在听说船长将水怪扔回水中的行为后很是愤怒,认为他的这种做法对科学界造成了无法估测的损失。

这则消息也引起了全世界人们的瞩目,尤其是各国古生物学家在听说后,更是兴奋不已,甚至有人认为这世上必然会有活着的蛇颈龙存在某个角落,然而得知船长将水怪丢回水中又痛心不已。船只所在的公司也遭到了来自世界各地的谴责,为了挽回公司的声誉,公司下令让所有船只都下海,赶往发现水怪的现场去搜寻、捕捞。

然而这次捕捞却一无所获,没有发现蛇颈龙的身影,当时还有其他国家也组织了船队前去搜索水怪的身影,然而结果却让人失望。

当时人们都在纷纷猜测,水怪究竟是不是蛇颈龙,而且从水怪死亡的时间来看,很明显是近期才死亡的,也就是说在海洋中很可能有其他蛇颈龙存活着。但这只是一种猜测,究竟是否真的存在,谁也无法证明。

1996年6月,有人在美国一个海岸上发现了一具神秘的海生生物尸体,体长10米左右,脖子和尾巴很长,而且有4个短粗的鳍,看起来像是在几千万年前就灭绝的"蛇颈龙"。遗憾的是,尸体的头部已不知去向。发现者只拍摄了几张照片,却没有采集标本。有了标本,古生物学家就能推断出水怪的身份了,就能判断其到底是不是蛇颈龙,然而后来等人们再去寻找尸体时,尸体却消失不见了。

2010年7月27日,皮尔斯太太在英国南部索肯科夫海岸散步时,突然发现海面上有只水怪浮出水面,周围的鱼群见到后,仿佛见到克星似的远远逃逸开来。当时是下午3点半左右,浮出水面的水怪有着小脑袋、细长的脖子、皮肤呈棕绿色,一眼望去,就像是蛇颈龙。起初,皮尔斯太太还以为是海龟,但是仔细一看又不像,海龟的身躯没有这般庞大;身边有游客说是鲸鱼,但是鲸鱼怎么会有细长的脖子呢?皮尔斯太太拿出相机,拍摄了一张有关"蛇颈龙"的照片,并将照片交给了英国海洋保护协会。

海洋协会收到照片后,找人来鉴别照片真伪,鉴定结果显示照片是真实的，协会号召成员关注索肯科夫海岸，希望能够提供照片上"蛇颈龙"更多的信息。

近年来，不断有水怪的消息传来，而且在世界各地，都发现类似蛇颈龙的水怪，难道说蛇颈龙真的还有幸存的？不过对于这种想法，查尔斯·帕克斯顿博士认为这是一种无端地猜测，如果蛇颈龙真的有存活的，那么就意味着古生物学家对化石的理解有所偏差，毕竟蛇颈龙灭绝于数千万年前的信息也是由化石得来的。

帕克斯顿博士认为，海洋的面积是非常大的，即使以现有的科技仍然无法对海洋进行细致的探索，但是从目前的发现来说，海洋中确实可能存在着某种巨兽。毕竟目前从海洋中发现很多以前未知的大型生物。

也有古生物学家认为，目前声称见到水怪的目击者很多，不可能全部都是视觉误差吧，而且目击者中不乏经验丰富的古生物学家，也许其中会有几件是真实的，毕竟世界之大，海洋之大，也许在某个海洋深处，一只原本被世人认为灭绝的蛇颈龙正在游弋着……

直至今日，仍然会有各种发现蛇颈龙的传闻，但是对于其是否真是蛇颈龙，尚未可知。也许通过进化，蛇颈龙已经完全成为海生生物，不过相信随着科技的发展，蛇颈龙如果真的幸存于世，必然会再次出现在世人面前。

巨怪出土

在靠近北极的地区，环绕着许多岛屿，这些岛屿大都零散地分布在苍茫的大海中，就像是棋盘上的棋子般，终年冰雪覆盖，再加上严寒的天气、极度缺氧等环境因素，人烟罕至，就连鸟儿都不肯从这儿飞过。在北冰洋地区挪威往北的地方，有个庞大的群岛，名叫斯瓦尔巴群岛，是目前已知人类居住最靠近北极的地区。其属于寒冷异常的苦寒气候，要想在此地居住，可不容易。但因其靠近北极地区，地层结构很特别，是一个非常理想的科研地点，如果条件适宜，在这里还能看到北极光现象。

在这个群岛上，有着非常丰富的矿产资源，一度曾有数支考察队前来考察，不过这里还有比矿产资源更为重要的资源，即化石。在这里曾经发现了许多鱼龙化石和蛇颈龙化石，而且还发现了鱼龙的两个新品种，从化石来看，在远古时代，这里曾经属于热带气候，阳光普照，海水温暖，碧水蓝天，银沙绿树，鱼龙、蛇颈龙就在海里游弋……

2001年，约翰逊率领着一支科考小队来到了这里，此次前来的主要目的是寻找蛇颈龙和鱼龙的化石。由于环境非常恶劣，过了很多天，众人才稍微适应，不过即使环境恶劣，他们仍然坚持着。在詹纽费杰特山考察时，考察人员发现一具保存较好的蛇颈龙化石，但是由于天寒地冻，地面就跟钢铁似的,非常坚固,考察队想了很多办法去挖掘,不过挖掘的速度非常慢,而且第二天挖掘的部分又会被冰雪覆盖,考察队没有办法,只好放弃挖掘,他们在化石的旁边做了标记。在岛上继续考察了一段时间,他们便启程返回了。

第二年,约翰逊再次带领着一支考察队前来岛上,他们很快就找到了上年做标记的地方,考察队开始挖掘,兴奋冲冲,结果由于用力不当,化石被敲碎,约翰逊看到后很是心疼,他意识到这样下去化石会变成无数碎片。于是,他制止了考察队成员的进一步挖掘。眼见无法挖掘蛇颈龙化石,考察队在周围岛屿上考察了几天,然后便返回了。约翰逊想来想去,最终决定将蛇颈龙化石一事告诉古生物学家赫尔姆。

赫尔姆听说后很兴奋,于是在2004年夏季带领着学生以及一支考察队前往斯瓦尔巴群岛,当时随行的还有两名记者,记者准备进行实地考察报道。

考察队乘飞机从挪威出发,沿着挪威的西海岸往北飞,一直抵达斯瓦尔巴群岛,到达时已是晚上8点半,此时岛屿上空太阳仍高悬,环境静谧,只听见呼呼的风声,偶尔会有风声穿越树林或者其他地方传来的尖啸声。

赫尔姆等人居住在岛屿上的一座小红楼里,这座小红楼是由几所大学出资建造的,在这里开设了一个大学班,专门用来培养地质和古生物学等人才,红楼里有着先进的设备,能提供热水、食物等,就和在内陆楼房里没什么两样,唯一的区别就在于外面环境的不同。

虽然说靠近北极的地区都是很荒凉的,但是斯瓦尔巴群岛却是个例外,岛屿上生长着150多种苔藓,到了夏季,岛屿上鲜花盛开,因而在北极附近的群岛上，斯瓦尔巴群岛是最有名气的一个，被人们称为北极圈里的绿洲，就像是荒漠中的绿洲一样重要。

但是到了冬天，这里就成为冰雪世界，一眼望去，整个群岛只有单调的白，蓝色的天，偶尔有不知名的鸟儿从天空飞过，点缀着这单调的画面。就像一条宽大无比的白色丝绸覆盖了下来，纤尘不染，澄清悠然。

考察队来不及欣赏夏季美景，第二天一早，便前往化石所在地詹纽费杰特山。此时，詹纽费杰特山像是蒙了层厚厚的透明的棉被，风吹过，无数白色小颗粒就会在空中飘荡，在阳光照耀下熠熠发光。

随从考察队一同前往的还有个护卫小队，小队成员配置了步枪，这是因为夏季是北极熊的活跃时间，常常会袭击人类。按照约翰逊所描述的，赫尔姆很快便发现了标记。

微风拂来，空气却似乎并不怎么新鲜，反而像是有着很浓郁的汽油味，经验丰富的赫尔姆欣喜异常，汽油味的出现意味着这个地方埋藏着很多动物，在时间的作用下，动物的尸体逐渐变成了原油。于是，他决定先将蛇颈龙的化石挖掘出来，然后再对周边进行仔细而周到的探索。

挖掘蛇颈龙化石的工作有些艰难，但是来之前赫尔姆已经作了充分的准备，因而这次挖掘除了费时外，其他方面还是很顺利的。化石被挖掘出来后，考察队成员打好石膏小心翼翼地保护起来。看着脚下的化石，赫尔姆总算松了一口气，他环顾四周，汽油味再次扑面而来。于是，他率领着考察队员在四周进行考察，接下来的发现超出了赫尔姆的预料。

斯瓦尔巴群岛不愧是理想的科研考察地，赫尔姆等人在两周时间内竟然发现了28具化石，其中6具鱼龙化石、1具上龙化石，剩下的都是蛇颈龙化石，这里可谓是化石源泉啊。这些发现具有非常重要的意义，如鱼龙化石中就有1具鱼龙类新品种。蛇颈龙化石的发现更是填补了蛇颈龙研究上的空白之处，具有极为重要的科研价值。

2004年9月，赫尔姆召开新闻发布会，宣布这次考察队的考察成果。在发布会上，他详细报告了此次发现，6具鱼龙化石长度都在4米左右，上龙的体长在10米左右，蛇颈龙的长度不一。最让赫尔姆高兴的就是发现了上龙化石，从长度来看，这是世界上目前发现最长的蛇颈龙化石。化石保存得很完整，头骨部分已经被挖掘出来，椎骨长约6米，正在挖掘中。此前发现的上龙化石都是残缺不全的，如在英格兰南部发现的上龙化石只有头骨部分完整，在俄罗斯发现的则只是部分骨骼化石。因而赫尔姆认为，这具上龙化石的发现堪称是史无前例的，有着非常重要的意义。

天寒地冻，挖掘工作并不那么轻松、容易，事实上，在2004年，上龙化石仍未被完全挖掘出来。第二年，赫尔姆带着考察队再次前来。这一次才将上龙化石挖掘出来。上龙化石的一只鳍状肢就的有3米长，这进一步表明了此次发现的上龙化石是目前已知保存最完整、长度最长的化石。也表明了在远古时期，上龙曾经在北极圈内生活过。

从化石的形成时间来看，这些动物死亡的时间是不相同的，通常来说，动物死亡后，很快就会遭到其他动物的撕扯和吞噬，而导致尸身破碎不堪，但是也许因为某种原因，这些动物恰好落入了海底深沟中，被海泥覆盖，尸身得以保存完整，才有了如今较为完整的化石。而且此地冰雪覆盖，气温非常低，很适合化石保存。

赫尔姆提议要尽快、尽早对群岛进行详细的探索，因为此地昼夜温差很大，化石很有可能因为冷热不均等原因而变得易碎，因此必须竭力抢救。

2007年2月6日，挪威政府决定出资资助挖掘活动，专门拨出一部分款项用于斯瓦尔巴群岛的化石挖掘项目。赫尔姆相信在群岛上还会有更多的惊喜在等着人们。挖掘工作最好在夏天进行，天气温暖，挖掘起来事半功倍。而在冬季挖掘则是事倍功半。

2011年，赫尔姆等人再次来到岛上，刚到的那一天气候温暖，风速适宜，是个非常适合展开挖掘工作的日子，然而第二天，气温骤降，天空中洋洋倾洒着鹅毛大雪，与前天相比，悬殊差别犹如天地。但是由于日程安排的比较紧，即使环境恶劣，挖掘工作也必须持续进行。

在挖掘过程中，赫尔姆突然被一具鱼龙化石绊倒了，之后，他在跌倒地周围发现了许多鱼龙化石。这让赫尔姆有些哭笑不得，群岛上可谓是处处有化石，不小心跌倒就会压到化石。再返回营地时，他们在途中又发现了一块上龙牙齿化石。

这天，另一组考察队由雅尼克带领前往卡罗琳峡谷，在峡谷中，他们发现了很多菊石壳化石。在挖掘时，雅尼克四周闲走，很快他的目光被一块脊椎骨化石所吸引，这块化石很大，看起来像是某种巨兽的，于是他喊来考察队成员一起帮忙寻找化石的来源。不久后，在一个海拔50米的地方找到了化石原在地，在这里还埋藏着许多脊椎骨化石。

可以说这一天的收获很丰厚，然而在众人安睡之后，天空中却飘起了鹅毛大雪，大雪倾盆，早上起来气温非常低，众人都穿上了御寒服装，然而寒气仍袭人。但为了早点将化石挖掘出来，众人不顾严寒，在暴风雪中继续挖掘。最终，众志成城，挖掘工作得以顺利完成，化石完好无损地被挖掘出来。

在北极地区，最惹人注目要数极光现象了。这个名字是著名的天文学家伽利略取的,当产生极光现象时,整个北极就像是充满无数喷射色彩的激光枪,夜空中处处可见鲜艳的色彩,流光溢彩,美妙绝伦。在古时,由于过于迷信,缺乏科学知识,将极光现象视为一种不吉利的征兆,每当极光来临时,古人都会躲进房屋内,害怕被极光照耀而带来意外伤害。在离开之前,赫尔姆希望能够一睹极光的风采。

然而等了很多天,极光都没有出现,但是看着所搜集的化石,赫尔姆的心情好了很多,他想,终于有一天,就像是发现这些化石般,他也一定能够目睹极光现象,毕竟斯瓦尔巴群岛是个诞生奇迹的地方。

第十章
世界水怪目击实录

地球上流传着上万种传说,然而在其中有种传说很独特,因为这种传说都离不开水面,无论是湖水、海水甚至是河水,也可以说是目击者最多的一种传说,那就是水怪传说。虽然很多人将此视为无稽之谈,但世界之大,无奇不有,水怪的存在也是非常有可能的。

太平洋中的水怪

太平洋是地球上最大的海洋，面积为 18134.4 万平方公里，覆盖着地球约 46%的水面，平均深度达 4000 多米，最深处可达万米以上。太平洋以赤道南北分为北太平洋和南太平洋，其海岸线十分绵长而曲折，横跨好几个大洲，岛屿众多。

这个占据地球约 1/3 面积的海洋，一直以来就为人们所向往，人们很想知道在其广阔无边的海洋中究竟隐藏着多少奥秘，在深达数千米的深海区，生活着多少不为人知的巨兽或者水怪，与太平洋有关的传说很多，但是其中最吸引人的却是水怪传说。

自古以来，太平洋中有水怪的传闻就从未间断过，有些传闻言过其实，有的则证据确凿，有的则是一场误会，有的则信口雌黄，不过其中流传最广的却是下面这个传说。

在美国夏威夷地区，有个渔民正驾驶船只打鱼，在拉网时发现网很沉重，拉起来很费力，于是他便拖着网往岸边驶去，在途中遇到了其他捕鱼的渔民，在众人的帮助下，网总算是被拉了上来。网中的鱼数量并不多，只是有个庞然大物，是一头重几十吨的抹香鲸，抹香鲸已经死去多时，尸身开始腐烂，阵阵腥臭味传来。渔民在解剖时发现其腹内有个尚未完全被消化掉的动物尸骸，长约 3 米，样子看起来很是奇怪。

其他渔民说，这可能是海怪的残骸。

在夏威夷等地区，一直流传着海中有水怪的传闻，这个水怪名叫卡布罗龙。生物学家曾经描述过海怪的形象，从外表来说它就像是一条龙，体长很长，约 15 米，眼睛很大，约占头部的 1/3，脖子很细，尾巴也非常长但很有力，头部看起来就像是被拉长的马头或者骆驼头，当地很多人将它称作大海蛇。

海怪脖子的长度大约占身体长度的 1/3，四鳍朝着扁平的方向进化，前鳍比后鳍要大很多，有人猜测，卡布罗龙很有可能就是靠四鳍来游泳或者改变方向，当然它的尾巴也能提供一些助力。大眼睛则有利于在深海中发现猎物或者敌人。根据目击者的描述，卡布罗龙的皮肤呈深绿色或者灰棕色。

那么渔民捕获到的是不是卡布罗龙的尸体呢？这个不得而知了，只是当时有很多人把它当作卡布罗龙。在此后多年间，不断有人声称见到了卡布罗龙的身影，如在 1734 年，就有位来自挪威的传教士说自己见到了海怪。

那天，他正在赶往格陵兰岛的途中，突然发现海面上有水怪正在慢慢浮起，很可怕。水怪看起来像蛇，长长的尖嘴，脖子看起来又细又长，有着很宽的鳍状物，皮肤则粗糙不平，布满皱纹，水怪浮出水面只有几分钟，很快便潜入水中，不过他注意到，当水怪潜入水中时，它的尾巴露了出来。尾巴非常长，看起来很有力，因为当尾巴落下时，海面上泛起了几米高的层层浪花。

1937 年，哈格伦德船长驾驶船只在太平洋行驶时。这天天气很好，阳光温暖，空中飘荡着几朵白云，这时突然甲板上传来一阵笑声，原来船员们捕获了一头巨大的抹香鲸。哈格伦德很好奇，于是走过去看。抹香鲸有10多米长，他也很高兴，没想到这次出海这么快就捕获了一头抹香鲸。负责解剖的船员正在分割这头庞然大物，他惊喜的脸上突然露出了惊讶的表情，眼睛瞪得很大，嘴巴几乎可以放进去一只鸡蛋。原来在抹香鲸腹部竟然还有具尸体，尸体看起来很像是卡布罗龙，船长拍摄了很多尸体的照片，然后将尸体送往博物馆。

不过博物馆人员认为，这可能是一条幼鲸的残骸，然而当博物馆人员要对其进行检测试验时，却发现尸体不见了。有人怀疑这是欲盖弥彰，悄悄将尸体转移到神秘的地方进行试验。这表明尸骸很有可能就是卡布罗龙。

有个叫国际隐蔽动物学会的组织，该组织的主要任务就是寻找世界各地可能存在的水怪，学会里不乏专业的古生物学家和科学家，当时有位海洋学家保罗·勒布朗就曾经跟随这个组织做过很多调查，如在加勒比海调查一只巨大的章鱼，在刚果沼泽地遍寻可能存在的恐龙，也曾组织船队在尚普兰湖进行搜索等等。

勒布朗是位受人尊重的海洋学家，他曾在《加拿大地理》杂志上撰文说，从目前来看，太平洋中有关水怪的消息很有可能就是史前恐龙的后裔。

在研究中，勒布朗一丝不苟，即使是记录目击者的言辞，也会再三询问对方是否真的如此。他曾听目击者描述一种拥有红色的眼睛，背上有3个驼峰，还有鳍等特征的海怪。在生物学家约翰·赛伯特的帮助下，他将这些传闻整列成一份报告，报告中列举了自1812年以来所发现的水怪传闻，以及目击者的证词、照片等。

20世纪30—50年代，美国俄勒冈州的海面时有大的海怪出现。一天，机帆船"阿戈"号的船长比尔在太平洋驾驶船只上，突然有只水怪浮出水面，水怪的头部很像骆驼，皮肤呈灰色，黯淡无光，眼神看起来很呆滞，鼻子很长，而且是弯曲的，不过鼻子的灵活度很高，可以捕获游鱼，然后用鼻子将鱼送到口中津津有味地吃下。接着，水怪在海面上玩耍一段时间，然后摇着尾巴向远处游去，不一会儿就从视线中消失了。

1961年，有位建筑工程师休假，特地和家人来到海边散心，微风清凉，携带着淡淡的花香，蔚蓝的天空将海面映衬得很蓝，有鱼游过时，海面上泛起阵阵涟漪。突然间水怪从海中浮出，皮肤呈棕色，身体处处布满了橙色的花纹，脖子很粗，背部有3个驼峰，不过和其他目击者描述不同的是，这只水怪长着飘动的长鬃。

水怪的传闻仍如雨后春笋般不断地出现，勒布朗认为其中有些传闻很有可能是目击者的幻觉，如水獭、鲸鱼、海豹、海蛇，甚至是木块、浮石等，在某些情况下都有可能被当作水怪，但是他也认为有些目击者所见到的很有可能就是水怪。

在随后的时间里，勒布朗又收集了许多海怪的资料，如1993年，有报纸曾报道大西洋乌贼吃人事件，乌贼会吃人？这超出了人们的想象，勒布朗认为在海洋中必然存在很多不为人知的生物，其中很有可能就存在传说中的水怪，就像是人们没有想到竟然有如此庞大的乌贼。

太平洋浩瀚的海面，容易让人陷入沉思中，思考海中是否真的存在海生生物，但是从目前来看，还是个未知数。只有利用先进的卫星遥感技术，观测海怪经常出现的地点，那么只要海怪出现，卫星就会将其拍摄下来，这样就能判定太平洋中是否真的有水怪的存在。

不过勒布朗认为，虽然他没有亲眼看见水怪，但是众多目击者的描述很详细,很真实,让人不得不相信太平洋中确实有水怪。

对于这个谜底,有生物学家认为,只有捉住一头水怪,才能解开太平洋的水怪之谜。

鲜为人知的涅瓦河水怪

涅瓦河是欧洲大陆第三大河,仅次于伏尔加河和多瑙河,河流全长74公里,主要流经俄罗斯列宁格勒州境内,约占50公里,其余则位于圣彼得堡范围内,圣彼得堡也因此被称为北方威尼斯。河流的源头是拉多加湖,向西流进芬兰湾。

一直以来人们对于涅瓦河的印象都是非常好的,河水清澈,水中游鱼众多,就像是条绵长的绸缎镶嵌在欧洲大陆上,然而却很少有人知道,这里也曾流传着水怪的传闻。不过由于时间悠久,传闻不可考证,以至于当地人都渐渐淡忘了这些传闻,然而接下来发生的一件事,让人们再次想起了这些传闻。

2007年以来,宁静的圣彼得堡突然人声鼎沸,每条小巷、每条街道、每个人都在谈论居民被某种未知生物攻击的事件,生物不仅攻击了居民,还破坏了城市的地铁设施,差点造成重大事故。人们在谈论这件事时,脸上的表情是不一致的,有的好奇,好奇这种生物是什么,是涅瓦河中的水怪吗？有的则是痛心，痛心被水怪伤害的居民；有些则是愤怒，因为差点造成事故。不管谈论此事的人们是什么心理，水怪却成了萦绕在众人头上的一柄利剑，一不小心，就会受到伤害。

为了安抚人们的心情，避免民众再次遭受攻击，有些勇敢之人聚集起来，沿着涅瓦河展开追捕，希望能够捕捉到水怪。究竟发生了什么事情呢？水怪为何会攻击居民呢？

事件的发生与一位名叫彼德耶奇的水电工有关。彼德耶奇有个爱好，就是垂钓，即使在冬天也会刨开冰面钓鱼。这年冬天，他拿着铁镐和钓鱼竿来到涅瓦河，河水早已结冰。他用铁镐在冰面上凿开了一个洞，然后将鱼钩放下，坐在旁边等候鱼儿上钩。

不久后，太阳光线变得强烈起来，光线照耀在冰面上，反射光线很刺眼，彼德耶奇正打算从背包中拿出遮阳镜来，突然水流动的声音传入他的耳朵，这不是鱼儿上钩的声音，在他尚未想明白时，一个黑影从水洞中跃出，向他扑过来，黑影很沉重，瞬间撞击到了他的额头，疼痛难忍，彼德耶奇坚持了一会儿便昏迷了过去。

等他再次清醒过来，距离事发已一天多。他躺在医院的病床上，他觉着自己的右腿似乎使不上劲，他睁眼望去，只见右小腿处空荡荡的，妻子在旁见状早已泪流满面。他是被人发现后送到医院来的。当时他的右小腿已血肉模糊，为了避免感染，医生只好将其彻底锯断。如果发现得晚一点，那么性命堪忧。冰寒天气帮助了他，冻住了他的伤口，才不至于血液流尽而亡。

伤口像是锯齿锯断似的，但是根据彼德耶奇的说法，好像是有水怪攻击了他，警官马斯科夫在听完他的讲述后，突然想起不久前，涅瓦河曾经发生过一起奇怪的案件。

受害人是名女子，当天她正在河边洗衣服，将衣物洗完后便转身离开，然而这时她的后背被猛地攻击了下，力道非常大，她被袭倒在地，紧接着她感受到腿上传来一阵刺痛，疼痛难忍，但是求生的欲望驱使她爬了起来，往家中跑去。马斯科夫曾经检查过女子的伤口，和眼下彼德耶奇的伤口很相似。

难道说是水怪造成的？马斯科夫并不相信这种说法，他认为很有可能是有人借助水怪来瞒天过海，掩藏自己的罪行。随后他开始展开了调查，然而调查了很久，始终没有找到凶手留下的蛛丝马迹。随着时间流逝，人们渐渐淡忘了这件事，涅瓦河又恢复了以往的宁静。

不久后，春天到来，涅瓦河上的冰层开始解冻，河水又流动起来，有不少人在河中游泳，在岸边嬉耍。但圣彼得堡又接连发生了几起伤害案，案发地点都是涅瓦河边。根据伤者的描述，攻击他们的并非是人类，而是从河中突然出现的看起来很像蛇的水怪。马斯科夫拍摄了伤者的照片，然后请古生物学家帮忙鉴别。

水生动物专家罗比斯基看到照片后，翻阅了很多书籍，认为这些锯齿形的伤口跟食人鲳咬人造成的伤口一样，但是在涅瓦河中，却从来没有发现过食人鲳的踪迹，而且食人鲳的形状并不像蛇。还有一点，食人鲳终生生活在水中，不可能上岸伤人。因此，水怪是食人鲳的说法被彻底否决。

难道说，河中真的有某种不为人知的水怪？罗比斯基决定找出水怪，以避免再有人受到伤害。他在警方的保护下，沿着河边或者乘船在河中寻找水怪的身影，这一过程是漫长的，水怪就像是善于隐匿的高手，一旦被人察觉，就彻底隐藏不出。在这段时间，涅瓦河一带开始流传水怪的故事，因而很少有人敢在河边玩耍了。

尽管发生了多起伤害案，但是马斯科夫并不相信河中真的有水怪，他认为这种说法近乎妄想天开，无稽之谈。然而让他没有想到的是，9岁的女儿奥利莎竟然也遭到了水怪的袭击。当时奥利莎和朋友在玩耍，这个地方的不远处有个下水道，突然间有个蛇形怪物从下水道中爬了出来，长约2米，正在玩耍的孩子顿时被吓坏了，水怪向他们爬来，其他孩子转身就跑，唯有奥利莎反应慢了一拍，等她想转身逃跑时，水怪跳起来扑向她，出于本能，奥利莎用手去阻挡，结果左手被水怪咬伤。

马斯科夫正在不远处，听见孩子的呼声便急忙赶了过来，他看到水怪咬了女儿一口，心痛不已，拿起身边一根拖把冲到女儿面前，使出浑身力气用拖把攻击水怪，水怪被打伤放弃攻击奥利莎，但它将目标对准了马斯科夫，猛地扑向他，马斯科夫挥动拖把，水怪一口咬掉拖把，转身逃走，钻进下水道中消失不见。

这一过程刚好被一路过的记者拍摄了下来，第二天《圣彼得堡时报》报道了这个事件，将马斯科夫塑造成了一位救女儿于危难之中的伟大父亲。不过这则新闻让平静已久的圣彼得堡再次沸腾起来，人们忧心重重，仿佛头上有块乌云不知何时落下来。自那以后，在距离涅瓦河附近上百米都看不到人影。

为了保护居民的安全，当地组织了一支考察队。这支考察队由警察、古生物学家和心理学专家组成，只见平静的河面上，在警察的保护下，古生物学家和心理专家正在小心翼翼地搜索着，希望早点找到那个水怪，然而水怪却突然消失得无影无踪。

罗比斯基教授也看到了报纸上刊登的消息和照片，他认为这可能是条鳗鱼，从照片来看，他将自己的见解告诉了马斯科夫，不过他也提出了自己的质疑，那就是鳗鱼一般不会攻击人类，而且鳗鱼的牙齿也不是锯齿形。两人商议一番，便决定亲自去河中捕捉水怪。

7月28日，马斯科夫带领搜捕队来到一处水怪经常出没的地方，但是守了几天，水怪都没有出现，马斯科夫下令将水怪居住的地方摧毁。此刻，马斯科夫还没有意识到自己犯了一个可怕的错误。

不久后，马斯科夫下班后乘坐地铁回家。本来高速运行的地铁突然间像是行驶上山间小道上般颠簸不已，然后地铁内灯光全部熄灭，漆黑一片，伸手不见五指，人群恐慌，各种声音不断地传入耳中，直到几分钟后，人群才安静下来，安静地等待救援。这一等，就是一个多小时。地铁内的灯光又亮了，恢复了运行。

通过广播，人们才得知地铁的地下电缆突然出了问题，电力传输被中断，所以地铁内的车灯才会关闭，地铁公司紧急派出人员前来维修，维修人员赶到时发现水怪正在撕咬电缆，人们这才得知原来电缆是被水怪咬坏的。当维修人员靠近电缆时，这条水怪竟然向他们发动攻击，水怪的牙齿很锋利，维修人员只能将维修工具当作武器，在这场斗争中，有多名维修人员被咬伤。

不仅地铁遭到了攻击，就连居民家的下水道等都遭受了破坏，根据这些描述来判断，河中的水怪肯定不止一条，而是数条或者数十条，马斯科夫这才意识到，自己率领人将水怪的家给毁了，水怪这是在进行报复。它们在水中失去了居住的地方，自然会到岸上报复摧毁他们家园的人。

眼下摆在马斯科夫面前的一条难题是，圣彼得堡市的地下水道错综复杂如同迷宫，如果是一个人不熟悉下水道的人进去，要是不借助外物相助是很容易就迷失在里面的，即使是熟悉水道构造的人，要想在下水道中捕杀水怪，也是不可能完成的任务。

既然无法主动捕获它们，那么只有让水怪自投罗网了，该怎么做呢？马斯科夫想到了诱捕之法，他找人制作了一张钢丝网，很结实。

8月24日，马斯科夫等人驾驶船只在河面上行驶，他们很紧张，虽然圣彼得堡市发生了多起水怪伤人事件，但是却没有人知道水怪的真实面目。也就是说，直到此刻，他们对水怪的了解近乎是零。

他们的诱饵是牛肉块，不过牛肉块好像起不到诱惑作用，一连几天水怪都没有"上钩"，马斯科夫想，是不是水怪不喜欢冷冰冰的牛肉，而是喜欢鲜活的东西。于是，马斯科夫命令人买来几只活鸭子。几只活鸭被扔进水中，在水中扑腾游泳，马斯科夫等人驾驶着船只紧紧跟随。

不久后，便听见有人喊，水怪来了。马斯科夫看到远处水面下似乎有个黑黝黝的东西在游动，这时，鸭子似乎也感觉到了危险，拼命朝远处游去，但是鸭子的游泳速度跟水怪相比实在是太慢了，水怪很快便赶了上来，鸭子被水怪围了起来。很快，这些鸭子发出了凄惨的声音，见时机已到，马斯科夫将网撒下去，水怪发现船上有人，有几只水怪便朝着船只扑来。马斯科夫紧急开枪。另外几个人紧紧地拉着网，网很重很沉，有些吃力，他们突然感觉到网有些轻了，便趁机用力将网拉上船来。网已经被撕裂开了好几个口子，由于拉扯的时间很及时，网中尚还有两只水怪来不及逃脱。水怪张着长满锋利牙齿的大嘴，拼命挣脱着。

这两条水怪被送到了罗比斯基教授的研究所，通过研究，罗比斯基发现水怪确实是个独特的品种，具有比拉鱼和七鳃鳗的基因，水怪集结了两者的优势，成为一种全新的具有攻击性的肉食鱼类，罗比斯基教授为其取名为"比尔鳗"。

比拉鱼生活在亚马逊河流域，是如何来到涅瓦河的呢？最大的可能是有人无意间将比拉鱼的鱼卵带到了涅瓦河，这些鱼卵和涅瓦河里的七鳃鳗的精子结合，从而形成了新的品种比尔鳗。

那么为什么以往比尔鳗很少攻击人类呢？罗比斯基教授认为这很可能跟环境污染有关，由于污染，河中水体富营养化，水质恶化，比尔鳗在河中很难生存下去。为了生存，比尔鳗朝着更加凶猛的食肉鱼类进化，甚至可以上岸伤害人类，假以时日，它将会给人类带来更大的危害。

比尔鳗能够顺着下水道爬到城市的居民家中，行动敏捷，同时也能够在陆地上停留很长一段时间，这就很恐惧了，要是比尔鳗悄悄爬入市中，一般人很难是它的对手，势必会给居民带来伤害。因而，当地政府下令绞杀比尔鳗。

不久后，《圣彼得堡时报》刊登了罗比斯基教授的研究成果，向人们详细阐述了这种水怪的形状，并告诉人们所谓的水怪是一种新型品种，比尔鳗。

不过科学家们目前还没有效的办法来控制比尔鳗的繁衍，即使靠捕杀毕竟是有限的，何况一旦比尔鳗藏入涅瓦河底，那么想捕捞它们就十分困难。另外人们也没有办法阻止水怪通过下水道爬入市民家中，只好提醒市民要小心，多注意安全，平时尽量和下水道保持一定距离，也不要在河边嬉闹玩耍。

随着冬季到来，涅瓦河再次结冰，然而在那宽阔的水面上，再也没有小孩滑冰，也没有人敢刨开冰块钓鱼，没有人在河边嬉闹，涅瓦河仿佛成了一块禁地。此刻，人们都不愿意谈论涅瓦河，更不愿意谈论比尔鳗，然而春天总会到来，如果不采取有力的措施，比尔鳗难免会再次爬上河岸……

海洋中的活化石

很多水怪传闻都被人视为无稽之谈，是种妄想，如同恐龙不可能生活在今天，那些传闻也大多不可信。不过世界之大，无奇不有，很久以前就曾有人捕捞过矛尾鱼。矛尾鱼属于腔棘鱼目矛尾鱼科，是唯一现生的总鳍鱼类。这种鱼曾生活在4亿年前，是一种较为古老的鱼，被人们当作"活化石"。矛尾鱼的出现，表明在海洋中很有可能还有远古生物存活着，不妨大胆猜测下，还有哪种海生生物存活着呢。或许海底下自有一个世界，蛇颈龙、鱼龙、上龙、沧龙等都在那悠闲地生活着。

1938年圣诞节前夕，"涅尼雷"号渔船勤劳地在海上捕鱼，由于节日即将到来，鱼的需求量骤增，所以他们趁着节日到来要多捕些鱼，而且在这段时间，鱼的价格很不错，这样忙上一天，就相当于平时忙上三五天。这次出海收获颇丰，同时还捕获到了一条奇怪的鱼。这条鱼长约1.5米，鱼身上的鳞片跟铁甲似的，很坚硬，尾鳍跟短矛似的，看起来就像是海中威武雄视一方的大将军。

水怪"大将军"安安静静地躺在那里，就像是熟睡了一样，然而船员用手动下它，它就会张牙舞爪，把牙齿咬得咔擦咔擦响，双眼努力睁大，样子很是吓人，船员担忧，如果反应稍微慢一点，会不会被咬呢？

船只停靠在南非东伦敦港，博物馆工作人员娜汀梅·拉蒂迈听说船上捕到了一种怪鱼，便好奇来到船上，将"大将军"运回了博物馆，拍照、绘图、制作标本，然后开始研究。不过也许是因为她比较年轻，所以尚未识别出这是什么鱼类，但直觉告诉她，这条鱼与众不同，身上必然会有某种秘密。

于是，她写信求助古生物学家史密斯，在信中她还附上了一张鱼的照片，信中说明了发现这条鱼的经过，并且相信描述了鱼的特征。史密斯正在英国度假，收到这封信后便决定结束假期亲自前往，因为他知道这条鱼来历非凡。

当看到照片的第一眼，史密斯大吃一惊，这不就是远古时期的矛尾鱼吗？为此，他还特地找到了书籍中记载的矛尾鱼图，一对比，两者可以说是一模一样。不过根据以往的调查，矛尾鱼早就在白垩纪惨遭灭绝。难道真的有远古生物存活着，这条矛尾鱼就像是打开潘多拉盒子的钥匙，一旦开启，就关不上了。史密斯赶紧订票去南非，去找拉蒂迈。

下了飞机，他直奔博物馆，迫不及待地想要看一眼鱼，看看究竟是不是矛尾鱼。这时距离矛尾鱼进博物馆已经接近两个月，矛尾鱼早已死亡，拉蒂迈将它制作成标本，因此，史密斯看到的只是标本。

从外表来看，这条鱼像鲤鱼、鲫鱼、鲑鱼，但是却比这些鱼类身躯要长很多，全身呈暗绿色，背部长着两个鳍，尾部看起来像矛。史密斯按捺住心中的激动，这确实是矛尾鱼。

史密斯说："这是远古生物矛尾鱼，生活在4亿年前，虽然眼下发现的这条矛尾鱼与4亿年前的稍微有些不同，但是从特征来看，这确实是矛尾鱼，不同之处大概是由于进化而导致的。

发现矛尾鱼的消息传出后，在全世界范围内引起轰动，众多的生物学家更是激烈地辩证，有的认为不可能，有的则认为是合理的。史密斯相信，既然有第一条矛尾鱼，那么海洋中必然还有其他存活的矛尾鱼，于是他在报纸上刊登了一则消息，重金悬赏捕捉活着的矛尾鱼。

然而茫茫大海，又不知矛尾鱼生活在何处，这种已经存在几亿年的鱼早已成"精"，怎么会轻易让人捕获到呢？史密斯这一等就是14年。

1952年12月24日，史密斯正在研读书籍时，突然收到了一封急电，说已经发现了一条矛尾鱼，请史密斯前来查看。史密斯接到急电后，很是惊讶，继而是惊喜，他匆忙收拾行李飞往目的地。那是一条活着的矛尾鱼，是在科摩罗群岛附近的海洋中发现的。

1954年，一搜船正在莫桑比给海峡捕鱼，船员们正在收网，收获很丰厚，突然一个形状怪异的鱼映入船员眼中，体长约1.3米，个头很大，全身呈暗绿色，形体粗壮，尾部像矛，身体上的鳞片就像铠甲，船员们很是诧异，这是什么鱼类？他们将这条鱼带回了陆地，并且请生物学家来查看，生物学家来时，这条鱼已经死亡多时，但他还是一眼就看出了鱼的种类，即矛尾鱼。

按照生物界主流说法，矛尾鱼早就在7000万年前灭绝了，但是如今却陆续发现了两条矛尾鱼，难道说以前对鱼类化石的解读是错误的？如若如此，那么其他灭绝的生物是否也有可能存活于世呢？矛尾鱼出现在历史舞台上已有3.5亿年，在人类出现之前很久就存在了。有生物学家怀疑矛尾鱼和陆地上的脊椎动物祖先有关系，甚至大胆猜测，矛尾鱼是两栖动物的鼻祖，那么这岂不是说，矛尾鱼也是人类的鼻祖了？

　　矛尾鱼属于硬骨鱼，尾鳍中间突出，因看起来很像矛而得名。生物学家通过研究发现，矛尾鱼的内骨骼跟陆生脊椎动物的肢骨很相似，而且有8个肉质的鳍，其中有的鳍比较灵活，能摆出各种姿态，是可以运动的"手"和"脚"，而内骨骼就相当于陆生生物的支撑架，主心骨。陆生生物是由海洋生物进化来的，这种观点认为，进化时是从鱼鳍开始转变为四肢开始的，矛尾鱼的这种特征为陆生生物的四肢是由鳍演化而来的提供了有力的证据。

　　古生物学家将矛尾鱼称作活化石，即使在世界舞台上已经出现了3亿多年，但是矛尾鱼的变化很小，仍保留着远古时期的形态特征。通过这些特征，就可以了解远古时期的一些信息。相比较于化石，矛尾鱼活体明显能为生物学家提供更多信息。

　　目前，已经捕捞上来的矛尾鱼超过了80条，陈列在各个国家的博物馆中。捕获这种鱼虽然很困难，但还是有迹可循的，其中最常用的方法时垂钓。

　　1982年，国内也有了第一条矛尾鱼标本，是科摩罗政府赠送的，这条矛尾鱼如今陈列在中国古动物馆。

　　矛尾鱼看上去又大又笨，不像蛇颈龙那般庞大，不如鱼龙那般聪明，那么这种鱼为何会在漫长的岁月中存活了下来？它是如何躲避各种灾难的呢？又是如何躲避天敌的呢？在远古时期，矛尾鱼一般生活在湖泊、河流等淡水中，后来由于环境恶劣，或者某种原因，矛尾鱼被迫迁徙到海洋中。那么矛尾鱼是如何适应海洋高盐分的生态环境呢？一时间，关于矛尾鱼，人们有太多的疑惑。

目前发现的矛尾鱼多是在非洲东南沿海发现的，这是什么原因呢？它们在其他海域不能生存吗？经过调查，科学家们解开了这个谜底。原来在矛尾鱼生活的流域有一个淡水区域，而矛尾鱼正是生活在这个区域内，而且一般在深海中活动，每年只在特定时间浮出水面。人们恍然大悟，原来矛尾鱼还是离不开淡水环境，正是由于印度洋中有这片淡水区域，所以矛尾鱼才得以生存下来，这也是其他海域未发现矛尾鱼的缘故。

不过印度洋中怎么会有淡水区域呢？这个谜底至今还未解开。

矛尾鱼一般在深海区游动，很少浮出水面，因而这么长时间以来很少有人发现它，而人类发现矛尾鱼的存在也不过是偶然。不过，矛尾鱼的出现进一步解放了人们的思想，既然史前生物还存活着，那么在海洋深处必定还会有其他生物存活着。以人类目前的科技水平，以及对海洋的认知来说，要想发现深海中的奥秘，仍有相当长的一段道路要走。不过，随着科技的进步，人类终究会慢慢地发现海洋中的神秘生物，解开更多的未解之谜。

里海的"怪兽"

里海是世界上最大的咸水湖,也是蓄水量最多的湖泊,位于欧洲和亚洲内陆的交界处,其海水量大多都是来自于伏尔加河。里海全长约1225公里,狭长而曲折,碧蓝的海水,葱郁的树木,风景秀美,每年都吸引着不少游客前来。

在古时,里海属于古老地中海的一部分,与地中海相通,海中生物种类丰富,有各种鱼类、爬行动物类、浮游动物、水生植物,可以说是个小型的生物宝藏。不过自从后来由于地震或者地壳变动等原因,里海慢慢地演变成如今的样子。静谧安详,超然世外。

在世界其他湖泊或者海洋都在流传各种水怪传闻时,里海则一直处在宁静中,没有水怪传闻,没有争议,没有冲突,但是自从2005年开始,里海好像不再宁静了。

很多居住在距离里海不远处的居民声称,在里海中也发现了水怪的痕迹,是一种外表看起来像人的怪物。不过这种怪物的真正所属,却是无人知晓。这件事经过媒体的报道,世界各地的人们议论纷纷。2008年3月,伊朗有家报纸详细报道了水怪传闻,据说一艘船在里海捕鱼时,突然发现远处海面上有个奇怪的人形身影。这次报道让里海水怪名声大噪,成为人们茶余饭后的谈资。

发现水怪的是"巴库"号船长戈发·盖斯诺夫。船只正在海上航行时，突然甲板上传来船员的惊呼声，他走上前看，原来在海中有个水怪一直跟随着船前行，他起初不以为意，以为是一条大鱼。然而不久后，他看到水怪头上有毛发，而且可以看到它的鳍，更奇怪的是，他竟然看到了两个手臂。不过这段描述被很多人视为无稽之谈，甚至有人认为，既然水怪跟随船只航行了那么长时间，为什么不将它捕捞上来呢？

不过作为一船之长，戈发·盖斯诺夫的话有可取信之处，更何况船上还有那么多船员作证。报纸报道不久，报社便收到了很多读者的来信或者电话，有不少读者认为，船长并没有说谎，他们也曾在里海发现过这只水怪，而且最近见到水怪的人数越来越频繁。

如果只是几个人说见到水怪，那么这事难以引起人们的注意，但是越来越多的人都声称见到海洋人形水怪，人们便有些相信这事了。对古生物学家以及水怪爱好者来说，宁可信其有，不可信其无。

目击者的描述都大同小异，水怪的身高约在1.6米，体格健壮，腹部突出，有一对手臂，手臂相对常人而言要粗很多，手掌上有四个手指，毛发呈黑色。上颌突出，没有下巴。看起来很怪异，像人，却又有甚多差异之处。

在伊朗有很多流传已久的故事，故事的主角就是水怪。故事将水怪虚幻化，神秘化了，如水怪游过海面后，海水就会变得很透明，而且会持续很多天。有的则认为，水怪其实就是人类的分支，一部分进化为陆上的人类，一部分进化为海洋中的人类。传说中甚至还有水怪身着羽翼的故事，常常在月圆之夜，翩翩起舞。不过这些大都是道听途说，当不得真。

有些渔民声称，在捕获鱼时为了能够让鱼多活一段时间，他们会选择不将网拉上来，而是让鱼待在海中。有时，水怪会靠近这些被捕的鱼，然后发出一种奇怪的声音。鱼也会发出相应的声音回应。这个说法在渔民中流传已久。古生物学家在研究后发现，水怪发出声音与鱼类回应的可能性是很高的。虽然无法破解水怪所发出的声音代表什么意思，但是生物学家都认为水中生物会有独特的联络方式。

水怪越来越频繁地出现，目击者看到水怪的时间绝大多数是不相同的，然而却有两位目击者同时看到了水怪，但是两人观测地点不一样，这是否说明，在里海中水怪不止一只，而是多只，甚至海底深处有个水怪家族。过去它们一直生活在海底深处，然而随着环境污染、水质恶劣，它们被迫浮出水面。

里海确实存在环境污染问题，尤其是开采石油带来的石油污染，其生态环境系统在不断地恶化，海中的某些鱼类已经惨遭灭绝，就连最常见的海鲟鱼数量也在不断地减少，这样下去，里海中的鱼类会越来越少，再不加以治理，恐怕会成为第二个死海。

是否真的存在海洋人呢？尚未有明确结论，不过很多历史学家认为，在远古时代，人是两栖动物，既能在陆上生存，也能在海里生活，说不定海底就有海洋人建造的庞大宫殿。著名学者亚里士多德和柏拉图是"人是两栖生物"的拥护者，即使在现代，有些医生也认为，海洋人是可能存在的，比如人类现在还会有打嗝现象，追根究底，可以追溯到人类有肺、有鳃的远古时代。

先不论是否真的存在两栖人，古代书籍中有很多关于两栖人的记载，例如有人曾经在海域内捕捉到了"海女"。就连一些报纸上也刊登了不少有关两栖人形动物的报道，甚至古生物学家还组织起来调查两栖人事件。不过，当时调查得到的资料非常少，而且领头人因为意外而去世，这项调查不得不中止。

那么里海的水怪是不是两栖人呢？这个要从根源谈起，即里海中是否真的存在水怪。一是里海确实有水怪，不过水怪是因为受环境污染等产生变异而形成的新品种。二是不存在水怪，所谓的水怪都是目击者以讹传讹，导致水怪之说流行。或者是某些人出于某种目的，而刻意制造出来的谎言。水怪的传闻会增加海洋或者湖泊的神秘度，会吸引大量的游客来到此地，能够发展当地旅游业，给当地带来不少收入。所以说，人为虚构也是有可能的。

关于两栖人的说法，也要从人类的起源说起，首先要判断是否有可能存在两栖人，人类能够在海洋中生活吗？不过从现有的资料来看，尚未发现人类两栖动物的证据，但这并不是否认存在两栖人，只是还需要更多的证据来证明。

目前，两栖人的课题已经引起了科学家们的注意，他们正在展开调查，收集证据，查找是否真的存在两栖人。如一些政府已经对这种研究提供赞助。不过从经济角度来说，水怪的真实面目没有那么容易被解开，何况其中还牵扯到复杂的利益关系。但科学是不断地发展的，时间也不断地向前，里海水怪之谜早晚有一天会被破解，真相大白于天下。

石笋河里的神秘水怪

2014年7月份,网络上突然有一段时长46秒的视频突然蹿红,这段视频名叫《云阳龙缸景区石笋河中惊现大水怪》。从视频内容来看,在平静的水面上,突然有个巨大的黑点从左岸往河中心游去,过程约持续了30秒左右,然后黑点便消失不见,沉入水中。

报纸上也刊登了这么一则消息:有游客在云阳龙缸景区游玩时,在景区内的石笋河边拍摄照片,突然相机中出现了一个奇怪的生物,他还以为是相机坏了,将相机放下后,他发现原来是河里出现了水怪。原本平静无波澜的石笋河河面上,突然涌起阵阵浪花,巨型水怪浮出水面,不一会儿便又潜入水中,消失不见。很多游客都见到了这个水怪。

不过龙缸旅游园区管委会顾问黄新民却说,这不是什么水怪,而是一条体长超过3米的大型鱼,其身后跟着一群小鱼而已。不过很多游客却不这么认为。那么石笋河中出现的是什么生物呢?是大型鱼类,还是水怪呢?

这则报道在网上很火热,很多网友纷纷留言,有的赞同水怪说,有的认可巨型鱼说。黄新民说,这种情景他已经见过很多次,并不是水怪,而是巨型鱼。

2014年7月13日上午10点多钟，黄新民等人就站在离河边约200米远的地方观望，突然间河水翻滚，他看到一条黑色的巨型鱼，身后还尾随着几十条小鱼，这时游客也发现了巨型鱼，或尖叫或者拍照，巨型鱼腾出水面时，即使远在200米外的黄新民都感觉到了水滴溅落。这条巨型鱼游到一根竹竿附近，然后潜入水中。人们发现巨型鱼比竹竿要长很多。竹竿长度约2.5米，巨型鱼的长度要超过3米。

按照黄新民的说法，这条巨型鱼已经出现多次，他最早一次见到巨型鱼是在今年的4月份。遗憾的是，他并没有拍摄到清晰的照片，在那以后，他经常前往河边观察这条巨型鱼。他发现，如果天气不好的话，巨型鱼出现的可能性就会非常高。大概是因为天气恶劣，水中缺乏氧气，巨型鱼需要浮出水面换气。巨型鱼很灵敏，当它发现有人类靠近时，便会快速地潜入河中。

石笋河中这并不是第一次发现巨型鱼，在3月份时，就曾有居民钓到了一条百斤的鲤鱼。景区安检科长旷鑫得知后，打算劝说居民将鱼放生，然而等他过去的时候，已经晚了。

这么庞大的鱼很少见，那位居民至少花了一个小时的时间才将鱼拉到岸边，然后又用车运走了。不过据围观者说，是条巨型鲤鱼。

黄新民对景区内的情况非常熟悉，他说，在石笋河中还有很多这样的巨型鱼，颜色不一，有黑色的、白色的，还有红色的，这些巨型鱼他都有幸见到过。

难道说河中出现的真的不是水怪，而是巨型鱼吗？那么，为什么以往这些鱼没有出现呢？黄新民说，石笋河虽然很小，但是水很深，而且下面暗河很多，但是两年前这里修建了一个拦河电站大坝，巨型鱼无法往下游游了，只好在石笋河里游动。

不过仍有目击者称，河中所出现的并不是巨型鱼，而是水怪。水怪面目很狰狞，看起来很恐怖，上颌处还长着一种肉质的东西，不过目击者并不清楚水怪属于什么生物，但是他从来没有见过这种生物。

如今，网上关于石笋河水怪的话题仍然很热闹，也许当一切喧嚣都回归宁静时，人们就能发现，石笋河中的巨型生物到底是什么……

猎塔湖水怪

九龙县位于四川西部，本是一座默默无闻的小县城，然而突然间这座城市却名声大噪，广为人知，每年都有不少游客来此游玩，这是因为在县城内有个猎塔湖。猎塔湖面积不大，只有0.06平方千米，它之所以一时间名声大噪，就是因为水怪传闻。

在当地一本古典书籍中，曾有关于水怪的记载，不过由于岁月已久，再加上几乎无人见到水怪的真面目，当地人就没把这事放在心上，然而这一切在1998年全改变了。这一切跟一位叫洪显烈的人有关。

在1998年的某天，洪显烈听当地一位医生无意间说起，猎塔湖中可能会有水怪。正所谓说者无心，听者有意，医生简短的一句话，却让洪显烈心动不已。他是个水怪谜，对世界各地的水怪传闻都如数家珍，所以在听说有水怪后，他立刻驱车前往猎塔湖。在途中，他不断地想，猎塔湖海拔在 4700 米左右，这样的地方会有水怪吗？会不会是某种大型鱼类呢。比如青藏雪鲵？

车在山脚下停下，他沿着山谷爬到海拔 5000 米左右的地方，然后观察猎塔湖，不过这次他明显没来对地方。他没有看到猎塔湖，更别说是水怪了，由于海拔过高，氧气稀少，洪显烈很快便下山了。

1999 年，他再次跟医生相遇，医生说起湖中有水怪的事情，洪显烈不信，还指责医生说谎话骗人，不过医生却坚持称湖中确实有水怪，上次洪显烈之所以没有发现水怪，是因为他走错了地方。

当年 6 月中旬，洪显烈再次上山，不过这次不再是他一个人独行，有位名叫尼克尔的人跟随他一起。他们走了很久，突然眼前豁然开朗，漏斗式峡谷映入眼帘，在峡谷下面就是如同蓝宝石的湖泊，处处绿树青草，红花鸟语，宛若世外桃源。湖光山色，水波潋滟，就像幅壮观绝美的山水画在眼前展开。空气清新，沁人心脾。此刻湖面风平浪静，光线照耀在海面上，跳跃着，闪闪发光。既然有湖泊，那么水怪也很有可能是真的。洪显烈选择等待。

这一等就是 7 天。尼克尔的耐性被磨掉了，他想要下山，然而此刻天空突然黑了下来，不久后大雨倾盆，二人躲进一个岩洞藏身，直到深夜，大雨仍未停歇。电闪雷鸣，待在石洞中的二人很是担忧。好在一夜无事，天亮后，洪显烈拿着摄像机走出岩石，去湖面观测。

雨水洗刷后的湖泊色彩更加明艳，更吸引人，空气更清新，突然间平静的湖面上，有个水怪头部浮出水面，正在快速的游动，其速度相当于快艇。洪显烈很激动，他想将眼前的场景录制下来，然而其手指却不听使唤，等尼克尔赶来时，水怪已经从水面消失了。洪显烈将所见告诉他，对方却不相信，认为洪显烈眼花，或者产生了幻觉。

不过洪显烈却下定决心，水怪第二次出现时，一定要将它拍摄下来。洪显烈没有等多久，水怪便再次出现了，这次他及时按下了按钮，记录了水怪的第一个镜头。只见平静的湖面上，突然浮起一个脑袋，脑袋并不大，而且并不是静止的，而是快速地朝一方游动。其游动速度时快时慢，有时甚至干脆停下来。这次，轮到尼克尔目瞪口呆了，他看着湖中的水怪，跟石人似的一动不动。

让洪显烈感到遗憾地是，拍摄地点距离水怪有点远，因而拍摄画面很模糊。自那以后，他曾多次拍摄到水怪活动的场面。有一个视频是这样的：冰雪笼罩的湖面，从远处观望，湖面上有很多分布不规律的小黑点，然后随着镜头推进，人们发现这些小黑点都是冰窟窿，这些冰窟窿不知是谁凿开的，不断地有气泡冒出。整个湖面上这些冰窟窿少说有上百个，直径在2米左右。洪显烈认为，这些冰窟窿是水怪凿开的，因为冬天湖面结成冰，湖中的氧气就会减少很多，因而水怪凿开冰层用来透气。

这几段视频引起了很大的轰动，媒体争相报道，一时间，关于猎塔湖水怪的消息可谓是满天飞。当时美国《国家地理》杂志正在成都录制一档节目，制片人安德鲁看到视频后很是吃惊，他找人询问视频是谁拍摄的。后来，他还跟洪显烈进行了对话。他们非常希望能够做一期有关猎塔湖水怪的节目，然而节目的录制要经过上级的同意。

两栖爬行动物研究专家吴贯夫也看到了这段视频，他认为，水怪经过湖面时产生很强大的波纹，从波纹来判断，这应该不是小型鱼类，也不是一群鱼类，唯一的可能是某种巨型生物，比如传说中的水怪。有人认为可能是水獭，但是在九龙县从来没有发现过水獭的存在。吴贯夫认为如果是水怪的话，那么湖中的水怪应该不止一只，毕竟生物要想繁衍，首要条件就是有个种族。

有科学家认为，湖中的水怪可能是消失千年的克柔龙，不过这种说法也只是猜测，缺乏相应证据。

2005年10月，中央电视台记者前往猎塔湖进行调查。记者首先找到是位叫王长生的人，他是水怪的目击者之一。

两个月前，王长生上山写生，突然发现湖面上出现一个巨型水怪，体长约20米，水怪的头部像是恐龙，但是又和恐龙不相同。由于观测距离有点远，王长生所能描述的极其有限，但是他记得水怪露出水面的部分主要是白色。

记者又找到了洪显烈，洪显烈将自己所见的告诉记者。不久后，记者来到了洪显烈等人发现水怪的地方，观望湖面，然而湖面很平静，等到下午4点左右，猎塔湖上空突然飘起了雪花，记者看到湖面出现了一些波纹，很小，但是他并没有看到水怪的影子。

对此，有生物学家解释说，波纹的出现与猎塔湖的自然环境、气候特征有关。猎塔湖居于雪山之下，三面环山。白天受到阳光照耀，湖水表面温度升高，水汽蒸发，然后上升，与高空中的冷空气相遇，就形成了空气对流，就会产生旋风。旋风就会引起波纹。如果旋风速度很大，那么就会在湖面形成一个大的漩涡，看起来就像湖中有东西在转动。

既然如此，那么洪显烈所拍摄的视频中的波纹，是不是就由旋风引起的呢？

记者观看洪显烈所拍摄的视频，发现在波纹中有个很明显的漂浮物，仔细观看的话，还能看到浪花下面有个黑色的影子在游动，那么这黑色的影子是不是水怪呢？

猎塔湖中有不少生物，其中最常见是山溪鲵，不过山溪鲵一般都是在水底游动，而且体型很小，游动时不会产生很大的波纹。

吴贯夫认为，由于猎塔湖是个封闭的湖泊，湖泊中的食物比较匮乏，但鱼群发现某种食物时，都会一拥而上，形成非常大的波纹，录像中的白色漂浮物很有可能是某种从湖边掉到湖中的物体。如高山上冰块掉入湖中，鱼群就会围着冰块转。远远看去，就像是有水怪在游动。

难道真的像吴贯夫所描述的那样，目击者所看到的水怪都是一种自然现象，是视觉误差吗？不过对于这一点，还需要进一步的确认，吴贯夫也认为，在湖中确实可能存在某种不为人知的生物。

如今，猎塔湖水怪的传说仍在继续……

河南铜山湖水怪

铜山湖被当地人称为宋家场水库，湖水起源于伏牛山脉的白云山区，经过泌阳河、唐河、汉水，最后流入长江。湖两侧环境清幽，景色动人。湖水清澈见底，可见游鱼玩耍，可见湖底水草。然而就是这样一个水清景美的湖泊，却时常有水怪传闻传出。

其水怪传闻最早从 20 世纪 80 年代就开始流传，每年都有目击者声称见到了水怪，水怪出现的频率是不一样的，有时一年也不出现 1 次，有时一年出现 5 次之多；从季节来说，夏秋两季出现的次数多，冬春两季出现的次数少。

1985 年 9 月的一天晚上，皎月明亮，微风轻抚，马海立正驾驶船只打算返回，他是湖区生产队捕捞职工，忙碌了一天，收获颇丰。帆木船在湖面上快速前行，当行驶到湖心岛浅水区时，他突然发现有水怪正趴在岸边的石头旁，月光朦胧，看不清是何物，他驾驶船只慢慢靠近水怪。只见水怪面目狰狞，头部跟牛头差不多，头顶处有两只短角，嘴巴扁平，鼻孔很大，眼睛如鸡蛋般大小，骨碌碌地转动，很是吓人。皮肤很粗糙，布满鳞片，在月光下泛着冷森森的光，脖子细长，脖子以下的部位仍淹没在水中，有两只庞大的爪子放置在湖边陆地上，马海立被眼前的景象吓呆了。水怪听到船只行驶的声音，抬头看，然后便"扑通"一声潜入湖中。

水怪游泳速度非常快，所经之处湖面泛起阵阵浪花，还有一股腥臭味随风传来。马海立被吓得不轻，这次回去后，便请假休息了一个月。受到水怪惊吓的人不止马海立一个。

1995 年 10 月，县里在湖区管理局举办了一个培训班，班上有很多优秀的人才，他们经常乘舟去观赏。25 日这天，杨林海、李森等 6 名学员在上完培训课后，便乘船来湖中游玩，天气不温不凉，正适宜，几人心情很好，嬉闹玩耍。突然有一只黑色水怪快速地从远处游来，脊背露出水面，水怪头部抬起，头顶有两只角，两眼泛着绿光，鼻孔很大，这副模样把 6 人吓得够呛，惊呼声四起，"水怪水怪"，6 人担忧水怪会伤害他们，于是用力划船，然而由于紧张过度，船只在离岸边不远处突然翻船，6 人跌入水中，虽然6人中有人不会游泳，但是所幸离岸边很近，又是浅水区，才没有命案发生。

这次目击者众多，"铜山湖有水怪"一说因此而得以广泛流传。

湖区管理局干部赵华卿就是目击者中的一位，他曾多次看到水怪的身影。2010年5月3日。天气晴朗，万里无云，赵华卿正打算出门，突然听到有人喊，"有水怪，水怪出来了"。他马上跑过去，当时岸边聚集了百十多人，身份不一，但是众人的目光都朝着湖中望去，赵华卿看得到湖中有个水怪正在往前游走，头部朝前，看不到面目，只看到其脊背，望着水中黑色的影子，赵华卿估计其身长10多米。水怪所经之处，水呼呼地往外翻，浪花有1米多高，大约10分钟后，水怪在湖面上消失。

目击者中有很多人拍摄了照片，但是由于距离远，再加上当时的相机像素不高，因而拍摄的照片模糊不清，看不清是什么生物。有人认为，水怪之所以出来，很可能是因为湖面上船只太多，打扰了它们宁静的生活，所以才浮出水面。

传闻很多，有接近真实的，也有让人难以置信的。如有人声称，水怪像龙般，能够吞吐云雾，水怪在湖面游动时，水柱冲天；也有目击者说，湖面突然冒出一股如柱子般的水柱，水柱上盘恒着两条蛇形水怪，水怪正沿着水柱不断地往上爬，仿佛要爬上天空去，不久后，水柱消失，目击者还没有看清怎么回事，两条蛇形水怪就不见了，然后水面恢复平静。

描述夸张的毕竟只是少数，众多的目击者所描述的还是很靠谱的，虽然还是有些差异之处，但人们对水怪有个大体的印象了。不过目前还没有水怪伤人的传闻。

湖中的水怪到底是什么？是人们的视觉误差还是自然现象？或者是某

种巨型鱼类？说法很多，但是都难以取信于人。生物学家在调查后提出了几种解释：一是湖中的水怪很有可能是扬子鳄。当初曾有人购买鱼苗放入湖中，大意之下，竟然将鳄鱼苗也放入到了湖中，如今这些鳄鱼已经长大。二是水怪是中华鲟。中华鲟体积很长，体呈纺锤形，头尖吻长，体表有五行骨质化硬鳞，每行有棘状突起，体长可达3米以上。不过也有人提出了质疑，因为这两者跟目击者所描述的相差很多。扬子鳄体长最大的不到2米，中华鲟不能到岸上休息。

目击者所描述的水怪是一种既能海中生存又能陆上爬行的生物，类似两栖生物。铜山湖中的水怪到底是什么呢，这点只能等待生物学家们进一步探索了。

青海湖水怪

青海湖位于青藏高原北部，是我国最大的内陆湖，海拔3000米，面积约4500平方公里，最深处可达35米。相对城市里的繁华和热闹，青海湖像是远离喧嚣的世外桃源，湖水清澈见底，湖中游鱼密集，湖岸线绵长而曲折，一眼望不到边际。然而这如同蓝宝石的湖面并不安静，或者说脾气很暴躁，稍有风雨，便会掀起层层浪花，直扑岸边。

传说青海湖的湖心有个巨大的无底洞，无底洞与北面的黑海相通，将青海湖的湖水运到黑海中。青海湖湖水大都来源高山冰川融化的流水，但是输入量要远远小于输出量，因而导致青海湖水潮减退了不少。据说无底洞中居住着一只水怪，有个年轻的藏民在听说水怪的消息后很是激动，于是他孤身一人冒险潜入青海湖中，不过当时他并没有找到无底洞，因为他遇到了一种奇怪的漩涡而不敢靠近，生怕被漩涡卷走再也出来。

藏民发现漩涡的旁边有个巨大的黑色影子，像蛇形，影子围绕着漩涡不断地游动，漩涡转动的就越厉害，当影子停止时，漩涡的旋转速度也慢了下来。直觉告诉他，漩涡的形成可能跟这个蛇形怪物有关。回到岸上后，他将自己在湖底所见告诉其他藏民，于是青海湖中有水怪一说就流传开来。

不过这个传说由来已久，无法考证。最近几次有关青海湖水怪的传说则可信度非常高。

1955年6月中旬，有位科学家前去青海湖考察，当时负责保护他的是一小队解放军战士，班长叫李孝安。天气很炎热，他们在湖中行驶时，突然发现前面百米处出现了一个黑色的东西，目测长约10米，李孝安还以为是湖中的岛屿，因而提醒其他人注意，但是随着双方的距离越来越近，李孝安才发现黑色东西并不是岛屿，而是某种怪物，怪物回头看到了他们便潜入水中，消失不见了。

1960年春天，天气晴朗，有些许微风，很多渔民正在湖中撒网捕鱼，突然湖面上巨浪滚滚，随着巨浪腾起的是一只黑色的怪物。庞大的怪物看起来就像是岛屿，从其背部来看，磷光闪闪，既像是鲸鱼又像是鳖壳，水怪晃动了几下躯体，两侧湖水翻滚，水柱冲天，然后水怪慢慢地潜入水中，湖面再次恢复宁静。这一情景曾经发生过多次，有关部门曾经派人员前去调查，甚至还派出直升机协助调查，但最后仍一无所获。水怪像是凭空消失了般。

　　1982年5月23日，有人再次看到了水怪。这天下午，薄云遮日，尽管刚下过一场雨，天气还是有些闷热，船员们在外忙碌了一天，正打算返航。站在船尾的两位船员突然看到在远处的湖面上有只黑黄色的怪物，水怪在水面游动，体积庞大，比船只大很多，长约13米，这时其他船员也发现了水怪的身影，于是众人驾驶船只朝着水怪方向驶去。也许是由于船只声音太响，惊动了水怪，水怪受惊后潜入湖中，众人看到水怪身上好像有类似鱼鳞的东西，熠熠发光，湖面上出现了一条类似沟的水道，但很快便恢复平静。仿佛什么都没有发生。

　　这是青海湖水怪传闻中最为真实可靠的三个传闻，从中可以看出不少共同点：如水怪出现时，一般是天气比较闷热时；水怪通常是头部先浮出水面，发现有人后立刻消失；长度都在10米左右，颜色不是黑色就是黑黄色。当地很多渔民声称，他们曾多次看到水怪，并将之称为龙，但是谁也说不清水怪到底是什么生物。

　　有人认为可能水怪是千年鱼精显灵。青海湖附近的百姓将鱼视为神灵，从不妄自加害，因而青海湖中的鱼生长得很快，因此湖中巨型鱼数量并不少。不过生物学家认为，是巨型鱼的可能性是有的，说水怪是千年鱼精，就是无稽之谈了。

　　也有人猜测可能是蛇颈龙之类的生物，但是从目击者的描述来看，水怪没有高大的驼峰，而蛇颈龙的特征除了细长脖子外，最主要的就是有2个或者3个驼峰。

　　王志英曾多次去过青海湖。1962年8月，王志英奉命守在青海湖畔江西沟农场，有天晚上，他在湖边架好电台，坐在旁边观察着湖面，突然湖中浪花滔天，有条巨型鱼浮出水面，长约10米，在它周围还有几条中型鱼和众多小型鱼。这次他第一次见到这么大型的鱼，而且他似乎还听到吼声。鱼难道也能怒吼吗？他将此事告诉当地渔民，渔民说，那不是巨型鱼，而是水怪在发怒。

不过有藏族老人说，所谓的水怪就是一条巨型鱼，巨型鱼居住在无底洞内，有时横穿"水桥"到达黑海，有时从黑海来到青海湖。不过生物学家从青海湖的生态环境否定了这种说法。

那么，青海湖中的水怪到底是什么呢？没人知道，不过目前青海湖水怪已经引起了人们的注目，相信不久后，将会有更多的生物学家、科学家、学者等投入青海湖水怪研究中。俗话说，太阳底下没有新鲜事，希望湖中也没有人类解不开的谜底。

西藏地区的水怪传闻

西藏地区面积广大，地域辽阔，资源丰富，景色壮观，著名的青藏高原就处在其中。据统计，西藏的湖泊面积占全国湖泊总面积的1/3，而且在广阔无边的青藏高原上，处处遍布着如同珠宝的湖泊。自古以来，西藏就流传着很多传说，包括水怪传说。

在 7000 万年前，青藏高原地区还是一片汪洋大海，属于古地中海的一部分。大量的史前生物就生活在这里，如鱼龙、恐龙等，无论是陆上还是深海中，都有这些庞大生物的身影，那场面如今想来依旧壮观不已。然而由于某种原因造成的地壳板块运动，原本的汪洋逐渐变成了陆地，而且这片土地竟然还在不断地升高。大约在 300 万年前，喜马拉雅山才成为"世界屋脊"，如今每年仍以一定的速度不断地增高。在演化过程中，不断有生物被淘汰，不断有新生物登上历史舞台，当然甚至有可能某些幸运的生物会躲过层层灾难而生存下来，也有可能存在一些尚未被人类发现的动植物。

有目击者声称，在龙木错湖旅行时，意外拍摄到了水怪的影像资料。这位目击者姓罗，他是从贵州惠水县来西藏旅游的。来之前，他就曾听人说西藏地区湖泊水怪多，没想到运气这么好，第一次到龙木错旅游，就发现了水怪。

罗先生将摄像机连接到客房的电视机上，很快电视机屏幕上出现了风景优美的龙木错湖，湖面广阔，风平浪静，波光粼粼，俨然蓝色丝绸。突然屏幕上的画面变化了，摄像机镜头在往前推，平静的湖面上像是有个小白点，镜头逐渐推进，便能看到一个头部像是鱼头的水怪浮在水面上，在游动时，水面上翻起阵阵浪花。罗先生的几个朋友在争论水怪是什么。

水怪长约 20 多米，脊背很长，然而拍摄过程中，水怪偶尔抬起头，罗先生便看到了水怪黝黑的脊背。大约过了五六分钟，水怪才潜入湖中，消失不见，湖面的波纹也逐渐变小，消失。

有人认为拍摄的可能是巨型鱼，但是罗先生否认了，他认为，从外形来看，水怪并不像鱼，反而更像蛇。但是龙木错湖海拔 4000 多米，气温寒冷，这样的地方应该是不会有蛇的。至于波纹，如果是风吹动产生的，那么水的起伏应该是一圈一圈的，不会是一条直线。

但是单从拍摄的视频来看，效果不是很好，模糊不清，很难通过画面辨别出是什么大型生物。当时带团的蒋女士也看到了这个奇怪的现象，那是她第一次见到这种生物，故而无法判断是什么生物。

龙木错湖水怪只是传闻于西藏地区的水怪之一，事实上，西藏有很多湖泊都曾出现过巨型不明生物，这些生物被人们统称为是水怪，当若雍错湖也是其中的一个。

当若雍错湖原本叫文部湖，湖区风景美丽怡人，湖中鱼类资源丰富，湖水很深，清澈，但是据传这里栖息着一头黑色水怪。根据当地人的说法，这头水怪外貌独特，头部很小，眼睛很大，整个躯体看起来像头牛。

当时曾有考察队前去考察。考察人员认为，这里海拔高且气温低，不可能存在水怪。但是很多牧民声称，他们在湖边放牧牛马羊时，经常会遭到水怪的攻击，在岸边经常会看到牛马羊被某种巨型生物拖到水中的痕迹，有时甚至湖水是通红的，有时在岸边能看到牛马羊的尸骨。

曾有一位藏族牧民划船到湖中心岛屿，然而在半途中湖面突然掀起一个漩涡，船只接连打转，很快便翻船，藏族牧民跌入水中，才发现水中竟然隐藏着一个庞然大物，等待他的命运就是成为水怪的腹中食物。当地人听说这件事后，再也不敢靠近湖边。

后来有个外地人来到这里，不相信水怪传说，于是骑着马往湖边走去，然而在离湖边还有几十米的时候，马却静止不前，发出很恐怖的嘶鸣声。不管外地人用马鞭如何抽打，马匹仍不肯往前走。这时，突然湖面湖水翻滚，浮出一个黑色怪物，脖子露出水面有十几米，皮肤上尽是褶皱，呈黑色，身躯非常庞大，在其两侧似乎有鳍，面目狰狞，嘴巴大张，里面是阴森森的锋利獠牙。水怪看到了外地人，便朝着岸边游过来。外地人惊魂未定，马儿却反应过来，转头拼命往回跑，幸亏跑得快，不然难免会成为水怪的腹中之物。

从地质结构和自然环境来分析，当若雍错湖和苏格兰的尼斯湖很相似，两个湖泊都属于断陷湖，当若雍错湖有很多大断裂，直至今日，当若雍错湖仍不断有地震发生，地壳在不断地上升，也就是说其两侧山谷将会越来越高，湖底会继续下陷，越来越深。湖泊的面积很大，虽然海拔很高，但是气候不错，这里能够种植小麦、青稞等植物，而且湖水含盐度并不高，很适合鱼类生存。那么湖泊内会不会存在水怪呢？这个还需进一步的考察。

班公湖也是西藏当地较为知名的湖泊之一，同样流传着水怪的传闻。据目击者描述，水怪身躯庞大，像牛，常常会发出一种很难听的吼声。有一次，一位藏族牧民回家的途中，突然发现湖面上有条大鱼一样的水怪，水怪好像被卡在湖泊的上游地区了，湖泊的上游和下游都比较狭窄，不适合大型生物通过，藏族牧民喊来其他人，大家一起帮助水怪重回到湖中。他说，他去湖边时，常常会看到水怪露出水面，像是在跟他打招呼。

另外还有个目击者声称，有回他骑马下乡，在班公湖湖面上像是有个"草堆"，褐色的，但又不是草堆，因为"草堆"在缓慢地移动，像是动物的脊椎。他下马然后用枪瞄准"草堆"，当时距离"草堆"约百米距离，结果好像击中了，只见"草堆"上冒出一股水汽，很快便消失不见了。回到住地，他和其他人一起沿着湖中去寻找，万一要是真打死了，那么就会发现其尸体，由此知道这是什么生物了，然而搜寻了很久都没有找到。

西藏地区的水怪传闻还有很多,以上几个是传说最广、影响最深的,但是究竟有没有水怪,目前还没有明确结论,不过西藏地区地形复杂,环境条件各区域相差也很大,也许在某个地形、某个适宜的环境中真的有水怪存在。

洪湖水怪

湖北地区有个名叫龙口镇的小镇,小镇很有名气,因为双潭村属于这个镇。双潭村之所以名扬天下,是因为其水怪传闻。双潭村的龙潭共有两口,其中因为水怪出没而名声大震的叫黑沙潭。龙潭是数百年前长江溃口形成的,形状不规则,呈多边形。

据说当年曾有人在龙潭中养鱼,当时养鱼人曾测量过龙潭的深度,约14米。另外龙潭还有个特点,那就是经年不旱,即使在最缺水的年代里,龙潭也没有干旱过。于是有人猜想这可能是因为龙潭底下连着暗河。

水怪每次出现时,龙潭都会掀起滔天巨浪。水怪的传闻最早出现于1969年,农历的6月初六这天,天空下着倾盆大雨,双潭村顿时被积水淹没,村民黄山树抱着一个装有财物的坛子往村中高处跑,突然间,他发现龙潭中有个冲天水柱,接着水怪便出现了,在龙潭内缓慢移动,像一艘船,黑黝黝的,看不清是什么生物。黄山树靠近潭边,他看到水怪在水中下沉浮起3次，每一次都掀起漫天的浪花，浪花几米高，大约半小时，水怪才潜入水中，再也没有浮出。不过当天，也有人声称见到了水怪，说水怪身上有鳞片，看起来很坚硬，还有翅膀。

水怪第二次出现是在1974年，当时有人正在冒雨在龙潭边放牛，突然牛惊恐地叫了一声，然后挣扎着挣脱缰绳的控制，朝着远处狂奔。放牛人很好奇，不知发生了什么事，这时他回头朝龙潭中望去，被眼前的景象惊呆了，原来龙潭中有个庞大的怪物，皮肤呈黑色，身形像水桶粗、形如蛇状，水怪正在缓慢地朝放牛人游来。放牛人很惊慌，快速逃离潭边。不久后，他喊同村的人前到潭边找寻水怪，此时龙潭水面风平浪静，水怪早已不知影踪。

自那以后，水怪又出现了多次，但是村民们都没有当回事，还以为是目击者的视觉误差或者是幻觉，水怪真正引起人们的注意，是在20世纪80年代。

1984年立秋，太阳刚刚露出笑脸，龙潭边已有两位妇女在洗衣服，突然间龙潭中间有只水怪正向她们游动过来，潭水在水怪躯体两侧翻滚，两位妇女看到后很是惊慌，丢掉手中清洗的衣服急忙往村子的方向跑去。

1985年，村民刘克长、旺菊安夫妇正驾船在龙潭捕捞鱼，水怪突然在离船只约10米远的地方出现，浪花翻滚，差点将船推翻。夫妇两人吓了一跳，赶紧将船划向岸边。两人回到村子喊人前来，这时，水怪还在龙潭水面上悠闲着游动。水怪全身呈黑色，有鳞片，当时很多人都想靠近一点观望，但是却缺乏胆量，只好用石块之类的东西扔水怪，水怪却毫不在意，不久后便潜回水中，村民估计其长度约10米。

这次目击者众多，据说有500多人，洪湖的水怪因此而名扬一天下，就连报纸、电视台都报道了这次事件。短时间内,大量的游客前来洪湖,希望能够一睹水怪的真实面目。许多生物学家、科学家也被吸引到此,希望能够揭开水怪的真实面目。然而,水怪却仿佛是害羞的新娘子再也不肯露面了。

后来,也曾有人组织过船队对龙潭进行全范围的搜索,然而这次搜索以失败而告终,没有发现水怪的身影。所以龙潭水怪的传闻虽然很多,却是层层迷雾,直至今日,洪湖的水怪仍然是个谜。

佛罗里达海怪

佛罗里达州位于美国南部,属于墨西哥湾沿岸地区,面积不大,但却是全美最知名的州之一,这里属于热带和亚热带气候,温暖湿润,多雨,阳光充足,风景怡人,吸引着众多的游客。其因为阳光充足,而被称为是阳光州。

1896年晚秋,天气寒冷,秋风阵阵,有两个人骑着自行车沿着佛罗里达海岸线,边骑边观赏着美景。突然他们发现在海边的海冰浴场上有个巨大的怪兽,像是巨型的章鱼。怪兽腹部比较肥胖,中间部分很长,约有7米,两人被吓了一跳,这是什么动物?他们面面相觑,谁也不知。片刻后,他们醒悟过来,召集众人。水怪已经死亡多时,他们将水怪从泥沙中挖掘出来，然后请人去找医生或者生物学家。

当地有位名叫杰维特·乌埃布的医生，他在看到水怪尸体后很是吃惊，但他也不知眼前这只水怪究竟是什么生物，于是他将此事告诉了耶鲁大学的A·维里尔教授。维里尔是著名的动物学家。乌埃布在给维里尔教授的信中详细描述了水怪的外形特征：水怪的颜色是白色的，外观很像章鱼，身躯庞大，看起来很坚实粗硬，曾用刀片去割，但是刀片都被弄断了，水怪体长暂时不清楚，但是其中间肥胖部位达7米。

维里尔教授接到书信后，查阅了很多书籍，终于找到了一个与水怪相似的种类，即鱿鱼。他还将自己的见解发表在一本杂志上。乌埃布收到回信后，看罢，他有些怀疑，于是他拍摄了几张照片，然后发给维里尔。维里尔看到照片后，认为水怪是巨型章鱼，而不是鱿鱼。

乌埃布又给维里尔发了几幅照片，将检验结果、制作的标本也一并寄给维里尔，维里尔在看后又改变了说法，水怪也不是章鱼，而是一种脊椎动物，而且从其受伤情况来看，其很有可能受到了其他巨兽的攻击，思考再三，他说，这很有可能是条鲸鱼。

不过对于维里尔的判断，有很多学者提出了质疑，如软体动物专家威廉·道尔认为水怪是巨型章鱼。为了得出真相，道尔一直跟乌埃布和维里尔联系，就水怪究竟是什么生物展开了激烈的讨论。

动物学家F.鲁卡斯赞同维里尔的说法，他认为水怪是鲸鱼，而且从标本的外观来看，像是鲸鱼的脂肪。当时，几位生物学家、动物学家都是各抒己见，却没有人去佛罗里达亲眼看下水怪，鲸鱼的说法逐渐占上风。由于时间已久，水怪的尸体无法保存，开始慢慢地腐烂。

水怪的消息传播得快，冷淡下来更快，在人们得知水怪是鲸鱼后，也渐渐对水怪失去了兴致，很少有人谈起这只水怪。水怪逐渐淡出人们的记忆。

1988年夏季某天，一只水怪被抛到了岸边，首先发现水怪的是一位渔民。他早上出去打鱼时，看到岸边有只水怪，很是惊讶，于是他喊人过来帮忙。有位摄影师经过这里，正好拍摄了几张照片。水怪长约2.5米，厚1.25米。很多人认为这可能是鱿鱼。

头足纲专家克莱德·罗贝尔看到照片后说，这不是鱿鱼。其他生物学家也纷纷发表了自己的见解，争议不断，没有统一的答案。他们制作了很多样本，并且将其与维里尔手里的那个样本进行对比，看看两者是否相似。同时他们还将样本与小白鼠、鱿鱼、鲸鱼等生物的组织进行比较。水怪的组织切片上只有胶原纤维，而在鱿鱼的组织切片上发现的是肌肉纤维，鲸鱼的组织切片上有少许的胶原纤维，但是更多的是细胞；就对比结果来看，和小白鼠倒是有些相似之处。

因此，水怪是鱿鱼的说法遭到了否定。胶原纤维存在于所有的脊椎生物以及部分无脊椎生物身上，是一种坚韧的蛋白质。各种动物的胶原结构又各不相同，蛋白质是由氨基酸组成的，但是氨基酸的组成并不是唯一的。因而，古生物学家希望能够根据这些特点来查出真相。如果水怪不是巨型鱿鱼，那会是什么生物呢？

2013年11月，美国《每日邮报》报道，在佛罗里达州捕捉到了一只巨型水怪，捕获者是位渔民，名叫马克·夸迪诺。水怪长约4.3米，体重达363公斤，身躯上披着一层厚厚的甲壳。

无独有偶，不久后有人在海岸发现了另一只水怪的尸体。水怪最初搁浅在海岸上，当时上空有很多海鸟在飞来飞去，却没有一只海鸟敢下来啄食水怪的肉体。目击者声称，水怪身躯庞大，头部很大，呈灰褐色，有鱼鳞，如同铠甲，在阳光照耀下熠熠发光。面部表情看起来很狰狞，口内长着长长的锋利的牙齿。不过看不出水怪是何种生物。

佛罗里达的海怪到底是什么呢，真的是人们未知的某种生物吗，还是目击者的视觉误差呢？相信未来科学家会给我们一个合理的解释的，让我们拭目以待。

吞吃小岛的水怪

南太平洋的地理位置很重要，同时由于其景色优美，环境适宜，成为游客的度假胜地。这里岛屿众多，一些有钱的富豪会买下小岛，然后在上面建造别墅，作为私人休假之地。在2009年6月，美国有位富豪就买了这么一座岛屿。

早在2007年12月，这位富豪跟一家叫作卡斯特岛权公司进行商谈，有意购买看中的这座岛屿。虽然小岛面积只有1.5平方公里，但是环境优美，树木蓊郁，山清水秀，很适合作为度假胜地。

购买岛屿后，他请知名的设计师、建筑师为别墅设计图纸，然而等他登上岛屿后却发现，图纸用不上了，因为岛屿的面积突然变小了，相比两年前小了约1/10。商人购买的岛屿面积不大，要是减少了一些，空间就变得更局促。商人一怒之下就将当初出售岛屿的公司告上了法庭。

其实岛屿变小这事并不是第一次发生，很多富豪购买这边的岛屿后，都发现岛屿面积减少的问题。只是这位不知道罢了。

不久后，设计师和建筑师赶来了，当初为了设计图纸他们曾在岛屿上待过一段时间，当时还拍摄了一段视频，经过对比，他们发现岛屿东面原先有片椰子林，然而现在却不见了，椰子林去哪了呢？难道被海水淹没了？为什么只会淹没椰子林，而没有淹没别的地方呢？而且在购买岛屿前，商人曾做过调查，在几十年内，岛屿不会迎来大的潮汐，如果人工割伐，那么最起码会留下一点痕迹，而现在却是一点痕迹都没有，仿佛凭空消失了一般。

不管怎样，商人觉着都应该由出售岛屿的公司负责，同时他也请教专家询问是怎么回事，哈佛大学地质研究专家卡尔向商人提供了一些卫星照片，从照片来看，南太平洋海面的岛屿正在逐渐减少，岛屿数量一年比一年少，没人知道这些岛屿去哪了，只是每年南太平洋上的岛屿仍在不断减少中。

1986年，美国中央情报局曾经将南太平洋上的一座岛屿当作"间谍岛"，顾名思义，就是用来侦查信息，收集过往船只信息，甚至收集靠近南太平洋领域的舰队、潜艇的信息。然而有一天，情报局却突然发现，岛上的讯号中断了，美国人以为有人发现了岛屿上的监测设备因而毁掉了。

中央情报局派人前去岛屿调查，却惊讶地发现间谍岛消失了，难道是有人将岛屿炸掉了吗？然而调查了很久，却发现四周根本就没有爆炸的痕迹，岛屿无缘无故地消失了。有人认为这里可能发生了地震，地震将岛屿震没了。这种说法很快遭到了否认，因为通过卫星就可以看到，这里并没有发生地震。不过有渔民声称，在几个月前，这里曾有类似飞碟的东西飞过。难道是因为飞碟的缘故？调查人员没有找到其他解释，只好将飞碟一事报告上去。

商人所购买的岛屿原本留有几个人看守，没过几天，这几个人却惊慌地打电话要求撤离岛屿。原来岛屿的面积又变小了，搭建在岛屿海岸边的码头神秘消失了，据说也曾看到了一个类似飞碟的东西。

商人听后便萌发了将岛推掉的想法，岛屿的面积一天比一天小，买来也居住不了多久就会消失不见的。为了证明自己不是无稽之谈，他还邀请该公司的负责人到岛上去考察。经过测量后，岛屿的面积确实比当初签合同的面积缩少了不少。但是该负责人认为，这可能是商人自己用炸药将岛屿边缘炸掉了，所以他不同意推岛的要求。

当他们乘船回去时，却发现船只竟然漂到不远处的海面上，原先的码头似乎不见了。等到登船后，他们望向岛屿，不由得脸色大变，岛屿并不是静止不动的，而是竟然在慢慢旋转。

不过该负责人称，这种情况属于和地震、火山等一样，都是不可抗力，公司是不可能因此而退款的。

回到美国后，商人立即将该公司告上了法庭。该案案情独特，有悬疑色彩，很神秘，吸引了人们的注意。商人认为公司一定知道内幕，而不将内情告知自己，是一种诈骗行为，不过当时有很多人猜测，岛屿怎么会无缘无故变小呢？难道岛屿是有生命的？或者存在某种水怪以岛屿为食？人们都在关心岛屿是如何变小的，至于商人和公司之间谁是谁非，关心的人少之又少。

为了解开这个谜底，一支考察队在2009年7月23日驾驶船只前往商人购买的岛屿考察。考察人员经过卫星图片对比，发现岛屿的面积又小了不少，而且岛屿的位置也稍微发生了变化，经过商议后，决定先从海底开始调查。

他们发现这座岛屿属于珊瑚岛，是以珊瑚礁石为底基的，按说这样的岛屿是非常坚固的，不会因为气流、潮流等而冲垮，唯一能够让礁石岛发生较大变故的就是地震或者海啸，因为这两种灾难都能导致底基被摧毁，然而根据卫星监控拍摄的照片来看，岛屿最近并没有发生地震或者海啸。

有成员换上潜水服潜入海底，他们发现，岛屿就像是船只似的漂浮在海面上，底部没有礁石作为底基。但是潜水人员并没有发现其他异常之处，岛屿怎么会变小呢，还有底基呢？

不过考察人员很快发现了底基的存在，原来岛屿是会游动的，在岛屿的原址下，确实存在一个底基。考察人员中有位叫卡尔的教授，他看到海底底基上布满了奇怪的生物，数量很多，密密麻麻，几乎将底基全部覆盖。在其他人员的帮助下，卡尔教授捕捞了几只奇怪的生物。

这些奇怪的生物，看起来很像飞碟，圆盘状，直径约1米，周身有10多只爪子，爪子可以用来捕食，也可以用来防御天敌。研究人员还研究发现，其爪子上面布满毒刺，想来它捕获猎物靠的就是这种毒刺，先用毒刺将猎物毒倒，然后再慢慢吞下去。它们在游泳时，姿势也很独特，不是用爪子挥动，而是不停地旋转，就像是天空中飞翔的飞碟。旋转，不停地旋转，等它不旋转时，就会静止下来。

考察人员将这几只奇怪生物送往到附近的研究中心，这里聚集着来自世界各地的顶尖生物学家、动物学家、科学家等，他们对奇怪生物进行了详细而缜密的调查，发现生物爪子上的毒刺具有强烈的腐蚀性，而且它们所处的水域也具有腐蚀性,普通鱼类难以存活,因而说这种腐蚀性可以用来自保,想要捕获这种奇怪生物,就要克服腐蚀性。不过生物不会以被腐蚀的鱼类为食。

在研究过程中,研究人员发现这种生物好像并不以吞食鱼类为食,而是吞食珊瑚。研究人员将这些生物放在一片海域内,里面有珊瑚石,然而不久后大家都惊讶地发现,珊瑚石数量正在减少。而且研究人员还发现,这种奇怪的生物好像很喜欢覆盖珊瑚石,没多久被覆盖的珊瑚石就会消失。

那么,南太平洋上岛屿的消失与其是不是有关系呢?如果这种生物是以珊瑚石为食的,那么那些消失的岛屿也就不难解释了。

研究人员很好奇,这究竟是种什么生物,他们进行了一系列的检验,包括DNA鉴定。通过检验结果来看,该生物是海星属动物的近亲。它们喜欢珊瑚石遍布的海域,以珊瑚为食。在每年的夏季,是其繁衍季节,这段时间食物量大增,这也能够解释为什么南太平洋上的岛屿经常在夏季消失。

间谍岛就是在夏季莫名其妙地消失了,想必,当时正有这么一群数量奇多的生物在啃食珊瑚,以致岛屿慢慢地变小,最终消失。当然这是像间谍岛那般小的岛屿才会出现的情况,而像商人购买的大岛屿,在奇怪生物将底部珊瑚吞食后,其可能会跟底基分离,然后漂浮在海洋中,就像是船只在水流或者风势下流动。

研究人员还发现,在南太平洋上似乎还出现了几个新的岛屿,然而经过调查才发现,这些岛屿并不是新形成的,而是被奇怪生物吞食部分后,分离出来而形成的浮岛。

不久后，研究人员将考察结果公之于众。这种奇怪的生物外形看起来很像飞碟，尤其是游泳时更像，研究人员因此将其命名为飞碟怪鱼。岛屿的神秘消失终于找到了合理的解释，以往的那些不靠谱的传言就此销声匿迹。

商人和公司的官司怎么判决的，已经没有人关心了。人们在得知竟然存在一种以珊瑚为食的怪鱼后，很是惊讶，震惊。果真是天下之大，无奇不有，人类对地球生物的了解实在是太少了，我们应该保持一颗敬畏之心，对待大自然。

现在，人们也在幻想，在南太平洋领域内，会不会还存在其他不为人知的独特生物，如果有，这种生物是什么……